"十二五"职业教育国家规划

经全国职业教育教材审定委员会审定

中等职业教育分析检验技术专业系列教材

仪器分析技术

第二版

陈兴利　赵美丽　侯亚伟　主编

化学工业出版社

·北京·

内容简介

《仪器分析技术》第二版坚持党的教育方针，有机融入党的二十大精神。本教材根据教育部专业教学标准和《仪器分析技术课程标准》编写，突出理论实践一体化教学。全书通过十一个检测项目，介绍了紫外-可见分光光度法、原子吸收光谱法、电位分析法和气相色谱法等仪器分析技术。

本教材结合企业生产实际，参照各检测项目的国家标准进行编写，严格规范操作过程，力求培养能与企业直接对接的高素质劳动者和技能型人才。

本教材适用于中等职业学校分析检验技术、药品食品检验、环境监测技术、化学工艺、精细化工技术等专业使用，也可作为职业技能培训基本操作训练用书。

图书在版编目（CIP）数据

仪器分析技术 / 陈兴利，赵美丽，侯亚伟主编.
2 版. — 北京：化学工业出版社，2025. 6. —（中等职业教育分析检验技术专业系列教材）. — ISBN 978-7
-122-47977-8

Ⅰ. O657

中国国家版本馆 CIP 数据核字第 2025CY0695 号

责任编辑：刘心怡　窦　臻　文字编辑：张　琳　杨振美
责任校对：王　静　　　　装帧设计：关　飞

出版发行：化学工业出版社
　　　　　（北京市东城区青年湖南街 13 号　邮政编码 100011）
印　　装：北京云浩印刷有限责任公司
787mm×1092mm　1/16　印张 15¾　字数 275 千字
2025 年 8 月北京第 2 版第 1 次印刷

购书咨询：010-64518888　　售后服务：010-64518899
网　　址：http://www.cip.com.cn
凡购买本书，如有缺损质量问题，本社销售中心负责调换。

定　　价：42.00 元　　　　　　　　　　版权所有　违者必究

第二版前言

《仪器分析技术》作为中等职业学校分析检验技术专业的专业核心课教材，是为适应建立健全职业教育保障体系和规范教材建设的需要，根据教育部发布的专业教学标准要求编写。本教材以《仪器分析技术课程标准》为依据，按照"任务引领、做学一体"设计思路，从国家检测标准体系中遴选了具有代表性的十一个检测项目作为教材主体内容，重点介绍了紫外-可见分光光度法、原子吸收光谱法、电位分析法和气相色谱法等。教材以项目工作过程为导向，以认识仪器→操作仪器→样品检测等工作任务流程为主线编排内容，并根据仪器分析技术的实际应用现状，结合学生的认知特点，逐步导入产品检测和质量控制，层层揭开分析检测工作的职业面纱，带领学生走进仪器分析技术领域。

本教材主要特点如下：

1. 体现了以职业能力培养为本位、以操作实践能力培养为主线、以综合素质提升为核心的职业教育理念。

2. 在教材内容选择上，理论以"必需""够用"为原则，实践以真实工作任务为载体，强化分析检测技术应用能力的培养，结合技能等级证书考核要求，培养分析检验的综合能力和职业素质。

3. 在教材编写形式上，力求做到体例新颖、图文并茂、表达清晰、通俗易懂。

4. 教材中每个项目都有质量控制或加标回收验证，让学生充分认知检测方法的规范性及科学性。项目中的检验方法均参照国家标准或行业标准，其中名词术语定义、量和单位、量方程等力求采用标准中的描述，体现标准化、规范化的要求。

特别说明：教材中选用的仪器仅供示范，同类型的仪器在教学中可以同等使用。本教材除特别指明外，所用试剂的纯度应在分析纯以上，实验用水应至少符合 GB/T 6682 三级水规格。

本教材由上海信息技术学校陈兴利修订项目一、项目二、项目四、项目五；上海信息技术学校侯亚伟修订项目三、项目六、项目七、项目八；江西省化学工业学校赵美丽修订绪论、项目九、项目十、项目十一。全书由陈兴利统稿，武汉技师学院熊秀芳主审。

由于编者水平有限，时间仓促，教材中不妥之处在所难免，敬请读者批评指正。

编者

2024 年 7 月

目录

9 项目九
气相色谱法测定化学试剂丙酮中的水、甲醇、乙醇　　176

10 项目十
气相色谱法测定工业酒精中的高级醇　　220

11 项目十一
气相色谱法测定居住区大气中的苯、甲苯和二甲苯　　232

参考文献　　246

绪论

分析化学包括化学分析法和仪器分析法。

化学分析法是以物质的化学反应为基础确定物质化学成分或组成的方法，是分析化学的基础。

仪器分析法是以物质的物理性质或物理化学性质为基础，使用光、电、热、放射能等测量仪器分析出待测物质的化学组成、成分含量及化学结构等信息的一类分析方法。

知识链接

一、化学分析法与仪器分析法的区别与联系

1. 仪器分析法（与化学分析法相比较）的特点

（1）灵敏度高，检出限低。仪器分析的检出限一般都在 10^{-6}g 级、10^{-9}g 级，最低已达 10^{-18}g 级。如原子吸收光谱法的检测限可达 10^{-9}（火焰原子化法）～10^{-12}（非火焰原子化法）g/L。因此，仪器分析适用于痕量、超痕量组分的分析，它对于超纯物质的分析、环境监测及生命科学研究等有着非常重要的意义。

（2）选择性好。许多仪器分析方法可以通过选择或调整测定条件，不经预先分离而对复杂混合物进行分析。

（3）样品用量少。由化学分析的 mL、mg 级减少到 μL、μg 级，甚至更少的nL、ng 级，适用于半微量、微量、超微量分析。

（4）易于实现自动化，操作简便快速。被测组分的浓度变化或物理性质变化能转变成某种电学参数（如电阻、电导、电位、电容、电流等），使分析仪器容易和计算机连接，实现自动化，从而简化操作过程。样品经预处理后，有时经数十秒到几分钟即可得到分析结果。如冶金行业用的光电直读光谱仪，在 1～2min可同时测出钢样中 20～30 种成分。

仪器分析用于成分分析仍有一定局限性：准确度不够高，通常相对误差在百分之几左右，一般不适用于高含量组分的分析；需要结构较复杂的昂贵仪器设备，分析成本一般比化学分析高。

2. 仪器分析技术与化学分析技术的联系

二者之间并不是完全孤立的两种分析技术，区别也不是绝对的。仪器分析技术是在化学分析技术的基础上发展起来的，其应用过程中大多都涉及化学分析，如试样在进行仪器分析之前，通常需要用化学方法对试样进行预处理（如富集浓缩、除去干扰物质等）；仪器分析大多属于相对测量法，即分析时通常需要使用标准物质绘制校准曲线，而所用标准物质都需要用化学分析法进行准确含量的测定；进行复杂物质的分析时，仅仅依靠仪器分析方法无法顺利进行，时常要综合运用多种方法才能完成分析任务。总之，正如著名分析化学家梁树权先生所说，"化学分析和仪器分析同是分析化学两大支柱，两者唇齿相依，相辅相成，彼此相得益彰"。

二、仪器分析法的分类

仪器分析法内容丰富，种类繁多，为了便于学习和掌握，将仪器分析法按其测量过程中所观测物质的物理、化学特征性质进行分类（见表 0-1）。

表 0-1　仪器分析法分类

方法的分类	特征性质	相应的分析方法（部分）
光学分析法	辐射的发射	原子发射光谱法（AES）
	辐射的吸收	原子吸收光谱法（AAS），红外吸收光谱法（IR），紫外-可见吸收光谱法（UV-Vis），核磁共振波谱法（NMR），原子荧光光谱法（AFS）
	辐射的散射	浊度法，拉曼光谱法
	辐射的衍射	X 射线衍射法，电子衍射法
电化学分析法	电导	电导分析法
	电流	电流滴定法
	电位	电位分析法
	电量	库仑分析法
	电流-电压特性	极谱分析法，伏安法
色谱分析法	两相间的分配	气相色谱法（GC），高效液相色谱法（HPLC），离子色谱法（IC）
其他分析法	质荷比	质谱法

三、仪器分析技术的发展趋势

随着现代工业生产的发展、科学技术的不断进步和人民生活水平的提高，特别是近年来，生命科学、资源调查、医药卫生、环境科学、材料科学的迅猛发展和深入研究，对分析化学提出了新的要求。为了适应科学发展，仪器分析也随之出现以下发展趋势。

1. 方法的创新

进一步提高仪器分析方法的灵敏度、选择性和准确度。各种选择性检测技术和多组分同时分析技术等是当前仪器分析研究的重要课题。

2. 分析仪器智能化

计算机在仪器分析法中不但能运算分析结果，而且可以优化操作条件，控制完成整个仪器的分析过程，包括进行数据采集、处理、计算等，直至数据动态显示和最终结果输出，从而实现分析操作自动化和智能化。

3. 新型动态分析检测和非破坏性检测

离线的分析检测不能瞬时、直接、准确地反映生产实际和生命环境的情景实况，不能及时控制生产、生态和生物过程。运用先进的分析原理研究建立有效而实用的实时、在线和高灵敏度、高选择性的新型动态分析和非破坏性检测将是21世纪仪器分析发展的主流。目前生物传感器如酶传感器、免疫传感器、细胞传感器等不断涌现，纳米传感器的出现也为活体分析带来了机遇。

4. 多种方法的联合使用

仪器分析多种方法的联合使用可以使每种方法的优点得以发挥，使每种方法的缺点得以补救。联合使用分析技术已成为当前仪器分析的重要方向。

5. 扩展时空多维信息

随着环境科学、宇宙科学、能源科学、生命科学、临床医学、生物医学等学科的发展，现代仪器分析的发展已不再局限于将待测组分分离出来进行表征和测量，而是成为一门为人们提供尽可能多的化学信息的科学。采用现代核磁共振光谱、质谱、红外光谱等分析方法可提供有机物分子的精细结构、空间排列构型及瞬态变化等信息，为人们认识化学反应历程及生命提供了重要基础。

6. 分析仪器微型化及微环境的表征与测定

包括微区分析、表面分析、固体表面和深度分布分析、生命科学中的活体分析和单细胞检测、化学中的催化与吸附研究等。仪器分析的微型化特别适用于现场的快速分析。

总之，仪器分析正在向快速、准确、自动、灵敏及适应特殊分析的方向迅速发展。

 思考题

    1. 简述仪器分析技术的概念及特点。

    2. 列举仪器分析技术的分类。

项目一

分光光度法测定生活饮用水中的总铁

铁是动物组织和血液中的重要元素，铁参与血红蛋白、肌红蛋白、细胞色素和其他酶的合成，并参与氧的运输。铁作为生活饮用水水质常规指标，是常规检验必测项目。

本项目依据《生活饮用水标准检验方法　第6部分：金属和类金属指标》（GB/T 5750.6—2023），采用二氮杂菲分光光度法对生活饮用水中的铁进行检测。以此为例，学习紫外-可见分光光度法。

任务一　选择配套吸收池

任务描述

用紫外-可见分光光度计进行吸光度测定时，一般同时使用两个分别盛有参比溶液和被测样品溶液的吸收池。两个吸收池的大小、形状、两块透光面的平行度、光路长度、透光面的透光特性等都应该完全相同。但是，即使是同一批生产的同一规格的吸收池配套性也不会全部合格，使用不合格的吸收池，就会给测试结果带来误差，因此测试前需要进行吸收池配套性选择。

分光光度计吸收池配套性检验

任务目标

（1）会操作紫外-可见分光光度计。

（2）会正确使用吸收池。

（3）会选择配套吸收池。

（4）能说出光的基本特性。

（5）记住紫外光、可见光的波长范围。

（6）能说出紫外-可见分光光度计的基本组成部件。

（7）记住单色光、透射比、吸光度的概念。

（8）培养精益求精的工匠精神。

（9）具备科学的工作态度。

（10）具备遵守规则的意识。

仪器、试剂

（1）紫外-可见分光光度计。

（2）紫外-可见分光光度计使用说明书。

知识链接

一、分光光度法

分光光度法是指应用分光光度计，根据物质对不同波长的单色光的吸收程度不同而对物质进行定性和定量分析的方法。根据光的波谱区域不同，可分为：紫外分光光度法（200～380nm）、可见分光光度法（380～780nm）、红外分光光度法（0.78～300μm）。

紫外分光光度法和可见分光光度法合称紫外-可见分光光度法，也叫紫外-可见吸收光谱法（英文缩写为 UV-Vis）。

二、光

1. 光的性质

光就是电磁辐射，属于电磁波领域内的能量传播。光既有波动性又有粒子性，简称"波粒二象性"。光的波动性可用波长 λ、频率 ν、光速 c 等参数来描述：

$$\lambda = \frac{c}{\nu} \tag{1-1}$$

光由具有能量的光子流组成，光子的能量用下式表达：

$$E = h\nu = h\frac{c}{\lambda} \tag{1-2}$$

式中，E 为能量；ν 为频率；λ 为波长；c 为光速；h 为普朗克常数，

$6.626 \times 10^{-34} J \cdot s$。

从式(1-2)中可见,光的能量与波长成反比,光的波长越短(频率越高),其能量越大。

电磁辐射按波长的分类见表 1-1。

表 1-1　电磁辐射的分类

名称	波长/nm
γ 射线	$5 \times 10^{-4} \sim 0.014$
硬 X 射线	$0.014 \sim 0.14$
软 X 射线	$0.14 \sim 10$
远紫外线	$10 \sim 200$
紫外线	$200 \sim 380$
可见光	$380 \sim 780$
近红外线	$780 \sim 3000$
中红外线	$3 \times 10^3 \sim 3 \times 10^4$
远红外线	$3 \times 10^4 \sim 3 \times 10^5$
微波	$3 \times 10^5 \sim 3 \times 10^9$

2. 单色光、复合光

单色光是指具有单一频率的光。实际上,频率范围甚小的光既可看成单色光,也可用空气或真空中的波长来表征单色光。复合光是指包含两种或两种以上单色成分的光,如白光。

三、透射比

透射比 τ：透射光通量与入射光通量之比(见图 1-1)。

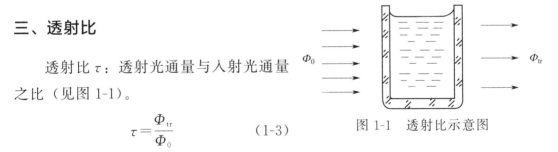

$$\tau = \frac{\Phi_{tr}}{\Phi_0} \qquad (1\text{-}3)$$

图 1-1　透射比示意图

式中,Φ_0 为入射光通量;Φ_{tr} 为透射光通量。

透射比可以用小数表示,也可以用百分数表示,用百分数表示时称为百分透射比。

四、吸光度

物质对光的吸收程度可用吸光度 A 表示。吸光度是透射比倒数的对数。

$$A = \lg \frac{1}{\tau} \tag{1-4}$$

五、吸收池成套性检定方法

由《紫外、可见、近红外分光光度计》（JJG 178—2007）可知，仪器所附的同一光径吸收池中，装蒸馏水于 220nm（石英吸收池）、440nm（玻璃吸收池）处，将一个吸收池的透射比调至 100%，测量其他各池的透射比值，其差值即为吸收池的配套性。对透射比范围只有 0%～100% 挡的仪器，可用 95% 代替100%。吸收池配套性要求见表 1-2。

表 1-2　吸收池配套性要求

吸收池类型	波长/nm	配套误差/%
石英	220	0.5
玻璃	440	0.5

六、紫外-可见分光光度计的基本结构

紫外-可见分光光度计有各种型号，外形也略有差异，但它们的基本结构相似，都是由光源、单色器、吸收池、检测器和显示系统等部件构成，如图 1-2 所示。

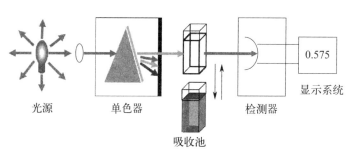

图 1-2　紫外-可见分光光度计基本结构

分光光度计工作流程：由光源发出的光，经过单色器分解成单色光，单色器选择所需要的单色光通过吸收池，装在吸收池中的溶液吸收一部分光，透过的光进入检测器，检测器将接收到的光信号转变成电信号，放大后输出给显示系统，由显示系统显示结果（如吸光度或透射比）。

1. 光源

光源是能发射所需波长范围的辐射的器件。紫外-可见分光光度计的光源分

为热辐射光源和气体放电光源两类，如图1-3所示。

(a) 卤钨灯(热辐射光源)   (b) 氚灯(气体放电光源)

图1-3　分光光度计光源

（1）热辐射光源：一般为钨丝灯或卤钨灯。钨丝灯是通过加热玻璃泡中的钨丝以产生可见光和近红外线的辐射源，能辐射出波长在325～2500nm范围内的连续光谱。卤钨灯是在钨丝灯中加入适量卤素或卤化物，卤钨灯的发光效率比钨丝灯更高、寿命也更长。

（2）气体放电光源：一般为氢灯或氚灯。氢灯是用热阴极在氢气中进行直流放电（几千伏）以产生紫外线的辐射源，能辐射出165～350nm范围内的连续光谱。由于受石英窗吸收的限制，通常波长有效范围为200～350nm。氚灯的辐射强度比氢灯高很多。

2. 单色器

单色器是将光源发射的复合光分解成单色光并可从中选出任一波长单色光的光学系统，如图1-4所示。单色器由以下五个部分组成。

（1）入射狭缝：光源的光由此进入单色器。

（2）准光装置：透镜或凹面反射镜，使入射光成为平行光束。

（3）色散元件：将复合光分解成单色光，目前主要采用棱镜和光栅。

（4）聚焦装置：透镜或凹面反射镜，将分光后所得单色光聚焦至出射狭缝。

（5）出射狭缝：所需要的单色光由此射出。

3. 吸收池

吸收池又称比色皿，是盛放待测流体（液体、气体）试样的容器。该容器应具有两面互相平行、透光且有精确厚度的平面，如图1-5所示。吸收池一般为长方体，其底及两侧为毛玻璃，另两面为光学透光面。

根据光学透光面的材质，吸收池分为玻璃吸收池和石英吸收池两种。玻璃吸收池用于可见及近红外波长范围的测定；石英吸收池用于紫外、可见及近红外波

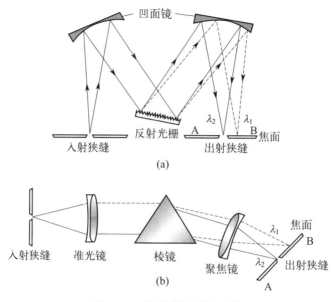

图 1-4　单色器光学系统

长范围的测定。吸收池的规格是以光程为标志的。紫外-可见分光光度计常用的吸收池规格有 0.5cm、1.0cm、2.0cm、3.0cm、5.0cm 等，使用时根据实际需要选择。

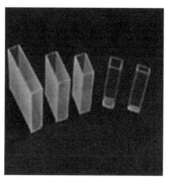

(a) 玻璃吸收池　　　(b) 石英吸收池

图 1-5　吸收池

4. 检测器

检测器是能把辐射信号转变为电信号的器件。检测器将透过吸收池的光转变成电信号输出，其输出信号大小与透过光的强度成正比。

分光光度计的检测器有光电池、光电管、光电倍增管。目前最常见的是光电倍增管，其特点是灵敏度高、响应快、噪声低，见图 1-6。

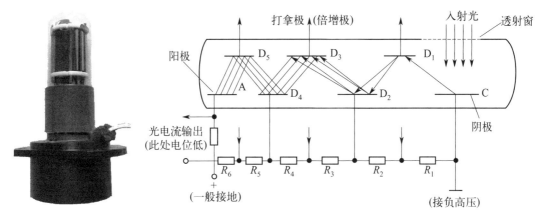

图 1-6　光电倍增管及其工作原理图

5. 显示系统

显示系统是能将检测器输出的电信号进行放大、数字转换和处理，并以透射比、吸光度、浓度等测量数据显示出来的器件。

任务实施 ⇢⇢⇢⇢

一、开机预热

（1）阅读仪器使用说明书。

（2）打开仪器电源开关，仪器初始化后预热 20～30min。

二、检验吸收池的配套性

（1）选择波长（石英吸收池 220nm，玻璃吸收池 440nm），调节 $\tau=0\%$。

（2）洗净吸收池，装入纯水至 2/3～3/4 高度，用滤纸吸干外壁水分，用擦镜纸擦拭光学面，如图 1-7 所示，将光学面沿光路方向依次将吸收池放入仪器样品室。

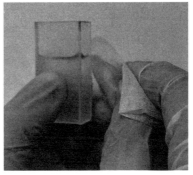

图 1-7　吸收池使用

（3）将第一只吸收池置于光路中，调 $\tau=100\%$（即 $A=0$）。

（4）若有必要可以重新调节 $\tau=0\%$、100%。

（5）分别测其他各吸收池的透射比，并记录数据至表 1-3 中。

（6）测量完毕，清洗吸收池，擦干，放入盒内。

（7）关闭仪器电源，填写仪器使用记录。

注意事项

（1）拿取吸收池时，只能用手指接触两侧的毛玻璃面，不可接触光学面，不能将光学面与硬物或脏物接触。

（2）凡含有腐蚀玻璃的物质（如 F^-、$SnCl_2$、H_3PO_4 等）的溶液，不得长时间盛放在吸收池中。

（3）测量完毕立即清洗吸收池，擦干或晾干，不得在电炉或火焰上对吸收池进行烘烤。

任务实施记录

将使用记录填写至表 1-3 中。

表 1-3　选择配套吸收池记录

记录编号				
检验项目		检验日期		
检验依据		判定依据		
温度		相对湿度		

测量波长_____ nm　　参比溶液_____
吸收池材质_____　　吸收池规格_____ cm

吸收池编号				
透射比				
成套吸收池要求	$\Delta\tau\leqslant$_____ ％			
成套吸收池				
检验人		复核人		

任务评价

填写任务评价表，见表 1-4。

表 1-4　任务评价表

序号	评价指标	评价要素	自评
1	开机	是否预热	
2	选择波长	选择是否正确	
3	调透射比	$\tau = 0\%$ $\tau = 100\%$	
4	使用吸收池	拿取方法 洗涤方法 装溶液高度 擦拭方法 放入样品室内光学面的方向	
5	数据记录	保留小数点后一位	
6	数据处理	成套吸收池配对正确	

思考题

（一）判断题

1. 可见分光光度计中的光源是氢灯或氘灯。　　　　　　　　　　（　　）

2. 单色器是能从复合光中分出一种所需波长的单色光的光学装置。（　　）

3. 吸收池外面的溶液先用滤纸吸干，再用擦镜纸擦拭。　　　　　（　　）

4. 吸收池使用后立即用乙醇冲洗干净。　　　　　　　　　　　　（　　）

5. 紫外分光光度计的光源常用碘钨灯。　　　　　　　　　　　　（　　）

6. 紫外-可见分光光度计中，单色器的色散元件目前主要采用棱镜和光栅。（　　）

7. 分光光度计的检测器的作用是将光信号转变为电信号。　　　　（　　）

8. 光电倍增管的灵敏度高于光电管。　　　　　　　　　　　　　（　　）

9. 紫外-可见分光光度计使用前必须预热 20min 以上。　　　　　（　　）

10. 吸收池可以烘干。　　　　　　　　　　　　　　　　　　　（　　）

11. 玻璃吸收池可以使用在紫外光区。　　　　　　　　　　　　（　　）

12. 紫外-可见分光光度法要求在 220nm 下进行玻璃吸收池成套性检定。（　　）

13. 吸收池配套性误差一般不大于 5%。　　　　　　　　　　　（　　）

（二）选择题

1. 钨灯或卤钨灯作为光源主要用于（　　）。

A. 紫外光区　　　　B. 紫外和可见光区　　C. 可见光区　　　　D. 红外光区

2. 分光光度法测定中，下列操作正确的是（　　）。

A. 手捏吸收池的毛面　　　　　　　　　B. 手捏吸收池的透光面

C. 用普通纸擦拭吸收池的外壁　　　D. 溶液注满吸收池

3. 紫外分光光度计常用的光源是（　　　）。

A. 钨灯　　　　　B. 氘灯　　　　　C. 元素灯　　　　　D. 无极放电灯

4. 分光光度计把辐射信号转变为电信号的器件是（　　　）。

A. 光源　　　　　B. 单色器　　　　　C. 检测器　　　　　D. 显示器

5. 透射比是指（　　　）。

A. 透射光通量 Φ_{tr} 与入射光通量 Φ_0 之比

B. 入射光通量 Φ_0 与透射光通量 Φ_{tr} 之比

C. 吸收光通量 Φ_a 与入射光通量 Φ_0 之比

D. 入射光通量 Φ_0 与吸收光通量 Φ_a 之比

6. 某溶液的吸光度 $A = 0.500$，其透射比为（　　　）。

A. 0.694　　　　B. 0.500　　　　C. 0.316　　　　D. 0.158

7. 透射比 τ 由 36.8% 变为 30.6% 时，吸光度 A 的变化为（　　　）。

A. 增加了 0.080　　　　　　　　B. 增加了 0.062

C. 减少了 0.080　　　　　　　　D. 减少了 0.062

（三）填空题

1. 紫外-可见分光光度计由（　　　）、（　　　）、（　　　）、（　　　）、（　　　）五大部件组成。

2. 紫外分光光度计用的光源是（　　　）灯或（　　　）灯。

3. 分光光度分析时，待测溶液一般注到吸收池高度的（　　　）。

4. 紫外光的波长范围是（　　　），可见光的波长范围是（　　　）。

任务二　绘制吸收光谱曲线

任务描述 ⇨⇨⇨

　　配制含有吸光物质的适当浓度溶液和参比溶液，分别注入配套的吸收池中，将不同波长的光依次通过吸收池，分别测量吸光物质溶液对不同波长光的吸光度（或透射比），然后以波长为横坐标，吸光度（或透射比）为纵坐标作图绘制曲线，即得吸收光谱

二氮杂菲分光光度法测水中微量铁含量（吸收曲线绘制）

曲线。

任务目标 ⟶⟶⟶

（1）会规范操作紫外-可见分光光度计。

（2）会绘制吸收光谱曲线。

（3）会选择适宜的测定波长、参比溶液、吸收池。

（4）能说出显色条件的选择方法。

（5）能说出测量条件的选择方法。

（6）培养归纳总结能力。

（7）培养对科学的好奇心与探究欲。

（8）具备数据溯源的意识。

仪器、试剂 ⟶⟶⟶

1. 仪器

（1）紫外-可见分光光度计。

（2）50mL 容量瓶。

2. 试剂

（1）盐酸。

（2）乙酸铵。

（3）盐酸羟胺。

（4）二氮杂菲。

（5）铁标准储备液（$100\mu g/mL$）：标准物质。

知识链接 ⟶⟶⟶

一、显色剂

在进行比色分析时，与试样待测组分发生反应产生颜色的试剂称为显色剂（常见显色剂见表 1-5 和表 1-6），发生的反应称为显色反应。

选择适当的显色反应和控制好适宜的反应条件，是比色分析的关键。显色反应的基本要求有：具有较高的灵敏度和选择性；生成的有色化合物与显色剂的颜色差别较大、组成恒定且较为稳定；显色条件易于控制。

表 1-5　常见的无机显色剂

显色剂	测定元素	反应介质	有色化合物组成	颜色	λ_{max}/nm
硫氰酸盐	铁	$0.1\sim0.8mol/L$ HNO_3	$[Fe(CNS)_5]^{2-}$	红	480
	钼	$1.5\sim2mol/L$ H_2SO_4	$Mo(CNS)_6^-$ 或 $MoO(CNS)_5^{2-}$	橙	460
	钨	$1.5\sim2mol/L$ H_2SO_4	$[W(CNS)_6]^-$ 或 $[WO(CNS)_5]^{2-}$	黄	405
	铌	$3\sim4mol/L$ HCl	$[NbO(CNS)_4]^-$	黄	420
	铼	$6mol/L$ HCl	$[ReO(CNS)_4]^-$	黄	420
钼酸铵	硅	$0.15\sim0.3mol/L$ H_2SO_4	硅钼蓝	蓝	$670\sim820$
	磷	$0.15mol/L$ H_2SO_4	磷钼蓝	蓝	$670\sim820$
	钨	$4\sim6mol/L$ HCl	磷钨蓝	蓝	660
	硅	稀酸性	硅钼杂多酸	黄	420
	磷	稀 HNO_3	磷钼钒杂多酸	黄	430
	钒	酸性	磷钼钒杂多酸	黄	420
氨水	铜	浓氨水	$[Cu(NH_3)_4]^{2+}$	蓝	620
	钴	浓氨水	$[Co(NH_3)_6]^{2+}$	红	500
	镍	浓氨水	$[Ni(NH_3)_6]^{2+}$	紫	580
过氧化氢	钛	$1\sim2mol/L$ H_2SO_4	$[TiO(H_2O_2)]^{2+}$	黄	420
	钒	$6.5\sim3mol/L$ H_2SO_4	$[VO(H_2O_2)]^{3+}$	红橙	$400\sim450$
	铌	$18mol/L$ H_2SO_4	$Nb_2O_3(SO_4)_2(H_2O_2)$	黄	365

表 1-6　常见的有机显色剂

显色剂	测定元素	反应介质	λ_{max}/nm	$\varepsilon/[L/(mol\cdot cm)]$
磺基水杨酸	Fe^{3+}	pH $2\sim3$	520	1.6×10^3
二氮杂菲	Fe^{2+} Cu^+	pH $3\sim9$	510 435	1.1×10^4 7×10^3
丁二酮肟	$Ni(Ⅳ)$	氧化剂存在、碱性	470	1.3×10^4
1-亚硝基-2 萘酚	Co^{2+}	pH 6	415	2.9×10^4
钴试剂	Co^{2+}	pH $6\sim7$	570	1.13×10^5
双硫腙	Cu^{2+}、Pb^{2+}、Zn^{2+}、Cd^{2+}、Hg^{2+}	不同酸度	$490\sim550$（Pb 为 520）	$4.5\times10^4\sim3\times10^5$（Pb 为 6.8×10^4）
偶氮砷（Ⅲ）	$Th(Ⅳ)$、$Zr(Ⅳ)$、La^{3+}、Ce^{4+}、Ca^{2+}、Pb^{2+} 等	强酸至弱酸	$665\sim675$（Th 为 665）	$10^4\sim1.3\times10^5$（Th 为 1.3×10^5）
PAR[4-(2-吡啶基偶氮)间苯二酚]	Co、Pd、Nb、Ta、Th、In、Mn	不同酸度	（Nb 为 550）	（Nb 为 3.6×10^4）
二甲酚橙	$Zr(Ⅳ)$、$Hf(Ⅳ)$、$Nb(Ⅴ)$、UO_2^{2+}、Bi^{3+}、Pb^{2+} 等	不同酸度	$530\sim580$（Hf 为 530）	$1.6\times10^4\sim5.5\times10^4$（Hf 为 4.7×10^4）

显色剂	测定元素	反应介质	λ_{max}/nm	$\varepsilon/[L/(mol \cdot cm)]$
铬天青 S	Al	pH 5～5.8	530	$5.9～10^4$
结晶紫	Ca	7mol/L HCl、CHCl$_3$-丙酮萃取		$5.4×10^4$
罗丹明 B	Ca Tl	6mol/L HCl、苯萃取 1mol/L HBr、异丙醚萃取		$6×10^4$ $1×10^5$
孔雀绿	Ca	6mol/L HCl、C$_6$H$_5$Cl-CCl$_4$ 萃取		$9.9×10^4$
亮绿	Tl B	0.01～0.1mol/L HBr、乙酸乙酯萃取 pH 3.5、苯萃取		$7×10^4$ $5.2×10^4$

二氮杂菲是测定微量铁较好的显色剂。在 pH 为 2～9 的溶液中，二氮杂菲与 Fe^{2+} 生成稳定的橙红色配合物，显色反应如下：

Fe^{3+} 与二氮杂菲作用形成蓝色配合物，稳定性较差，因此在实际应用中常加入还原剂使 Fe^{3+} 还原为 Fe^{2+}，再与二氮杂菲作用。常用盐酸羟胺 $NH_2OH \cdot HCl$（或抗坏血酸）作还原剂。

$$4Fe^{3+} + 2NH_2OH \longrightarrow 4Fe^{2+} + 4H^+ + N_2O + H_2O$$

测定时酸度过高，反应进行较慢；酸度过低，则铁离子易水解。

二、显色条件的选择

1. 显色剂用量

显色剂用量一般要适当，在具体工作中，显色剂的用量是通过实验来确定的。通过绘制 A-c_R 曲线，选择 A-c_R 曲线平坦的部分作为适宜的显色剂用量，如图 1-8 所示。

宜选取图 1-8 中 a-b 段显色剂用量作为显色剂用量。若曲线无平坦部分，则必须十分严格控制显色剂加入量或者另换合适的显色剂。

2. 溶液的酸度

当酸度不同时，同种金属离子与同种显色剂反应，可能生成不同配位数的配合物，颜色可能不同。溶液酸度过高会降低配合物的稳定性，而溶液酸度过

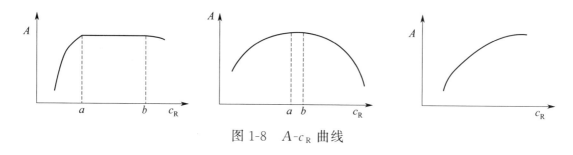

图 1-8 A-c_R 曲线

低可能引起被测金属离子水解。因此，在实验中要控制好显色反应的酸度。绘制 A-pH 曲线，如图 1-9 所示，应选择 A-pH 曲线平坦的部分 a-b 段作为适宜的 pH。

3. 显色温度

不同的显色反应对温度的要求不同。例如，二氮杂菲与 Fe^{2+} 的显色反应在常温下就可完成，而硅钼蓝法测定微量硅时，应先加热，使之生成硅钼黄，然后将硅钼黄还原为硅钼蓝。因此对不同的反应，应通过实验找出各自适宜的显色温度范围。由于温度对光的吸收及颜色的深浅都有影响，因此在分析过程中，应该使溶液温度保持一致。

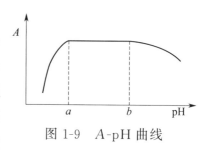

图 1-9 A-pH 曲线

4. 显色时间

显色反应完成所需要的时间称为显色时间，显色后有色物质色泽保持稳定的时间称为稳定时间。显然应在稳定时间内进行溶液吸光度的测定。适宜的显色时间也是通过实验来确定的。确定适宜显色时间的方法是：配制一份显色溶液，从加入显色剂开始，每隔一定时间测一次吸光度，绘制吸光度-时间关系曲线，曲线平坦部分对应的时间就是测定吸光度的适宜显色时间。

三、测量条件的选择

分光光度法测定中，除了需从试样的角度选择合适的显色反应和显色条件外，还需从仪器的角度选择适宜的测定条件，以保证测定结果的准确度。

1. 入射光波长的选择

选择的原则是：吸收最大，干扰最小。

在最大吸收波长处测定吸光度不仅能获得高的灵敏度，而且还能减少由非单色光引起的对朗伯-比尔定律的偏离。因此在分光光度法定量分析时通常选用

$\lambda_{\max}$ 为测量波长，此时灵敏度最高。

2. 吸光度范围的选择与控制

任何类型的分光光度计都有一定的测量误差，由理论推导可知，只有当待测溶液的吸光度控制在适当范围内，由仪器测量误差引起的测定结果相对误差 $\Delta c / c$ 才比较小。当 $\tau = 36.8\%$（$A = 0.434$）时，$\Delta c / c$ 达到最小。实际工作中，一般将吸光度控制在 $0.2 \sim 0.8$ 范围。为了使测量的吸光度在适宜的范围内，可以通过调节被测溶液的浓度（如改变取样量、改变显色后溶液总体积等）、使用不同厚度的吸收池等方法来达到目的。

3. 参比溶液的选择

参比溶液用来调节仪器的零点和消除某些干扰。根据试样溶液的性质，选择合适的参比溶液很重要。参比溶液的选择一般遵循以下原则。

（1）溶剂参比：若仅待测组分与显色剂反应产物在测定波长处有吸收，其他所加试剂均无吸收，用纯溶剂作参比溶液，可以消除溶剂、吸收池等因素的影响。

（2）试剂参比：若显色剂或其他所加试剂在测定波长处略有吸收，而试液本身无吸收，用不加试样的溶液作参比溶液，可以消除试剂中的组分产生的影响。

（3）试样参比：若待测试样中其他共存组分在测定波长处有吸收，但不与显色剂反应，且显色剂在测定波长处无吸收，则可用不加显色剂的被测溶液作参比溶液，可以消除有色离子的影响。

（4）褪色参比：若显色剂、试液中其他组分在测定波长处有吸收，则可在试液中加入适当掩蔽剂将待测组分掩蔽后再加显色剂作为参比溶液，可以消除显色剂的颜色及样品中微量共存离子的干扰。

四、物质对光的选择性吸收

1. 物质颜色的产生

将两种特定颜色的光按一定的强度比例混合，可成为白光，这两种特定颜色的光就称为互补色光，如图 1-10 中所示，每条直线两端的两种光都是互补色光。

当一束白光通过某透明溶液时，如果该溶液对可见光区各波长的光都不吸收，即入射光全部

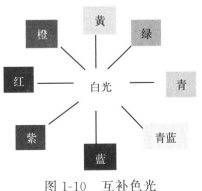

图 1-10　互补色光

通过溶液，此时看到的溶液是透明无色的。当该溶液对可见光区各种波长的光全部吸收时，此时看到的溶液呈黑色。当溶液选择性地吸收白光中的某种颜色的光，则该溶液呈现透过光的颜色，即被吸收光的互补色光的颜色。也就是说，溶液的颜色是基于物质对光的选择性吸收，若要精确地说明物质具有选择性吸收不同波长光的性质，可用该物质的吸收光谱曲线来描述。

2. 吸收光谱曲线

吸收光谱曲线是待测物质浓度和吸收池厚度不变时，吸光度（或透射比）对应波长的曲线，也叫吸收光谱或吸收曲线。它描述了物质对不同波长光的吸收程度。图 1-11 所示的是三种不同浓度的二氮杂菲亚铁溶液的吸收曲线，图 1-12 是三种不同浓度的高锰酸钾溶液的吸收曲线。由图 1-11 和图 1-12 可以看出：

（1）同一种物质对不同波长光的吸收程度不同。吸收曲线中吸收值最大处的波长称为最大吸收波长 λ_{max}。

（2）不同浓度的同一种物质，其吸收曲线形状相似，λ_{max} 不变。而对于不同物质，它们的吸收曲线形状和 λ_{max} 则不同。

（3）吸收曲线可以提供物质的结构信息，并作为物质定性分析的依据之一。

（4）在 λ_{max} 处吸光度随浓度变化的幅度最大，所以测定最灵敏。吸收曲线是定量分析中选择入射光波长的重要依据。

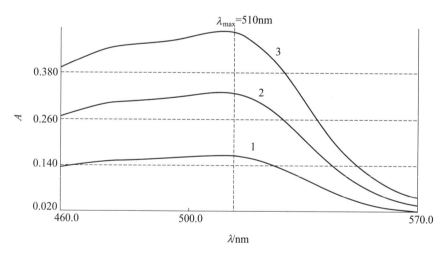

图 1-11 二氮杂菲亚铁溶液的吸收曲线

1—0.400mg/L Fe^{2+}；2—0.800mg/L Fe^{2+}；3—1.20mg/L Fe^{2+}

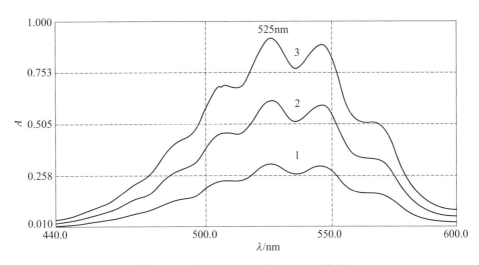

图 1-12　高锰酸钾溶液的吸收曲线

1—20.0mg/L KMnO₄；2—40.0mg/L KMnO₄；3—60.0mg/L KMnO₄

任务实施

一、配制试剂

（1）乙酸铵缓冲溶液（pH＝4.2）：称取 250g 乙酸铵溶于 150mL 纯水中，再加入 700mL 冰醋酸，混匀。

（2）盐酸羟胺溶液（100g/L）：称取 10g 盐酸羟胺，溶于纯水中，并稀释至 100mL，混匀。

（3）二氮杂菲溶液（1.0g/L）：称取 0.1g 二氮杂菲溶解于加有 2 滴盐酸的纯水中，并稀释至 100mL，混匀。

（4）盐酸（1＋1）溶液：量取 100mL 盐酸缓慢倒入 100mL 纯水中，混匀。

（5）铁标准使用溶液（10.0μg/mL）：吸取 10.00mL 铁标准储备液，用纯水定容至 100mL，现用现配。

注意事项

（1）浓盐酸为酸性物质，注意不要溅到手上、身上，以免腐蚀，实验时最好戴上防护眼镜。

（2）配好的溶液要及时装入试剂瓶中，盖好瓶塞并贴上标签（标签中应包括药品名称、溶液的浓度、配制人和配制日期），放到相应的试剂柜中。

二、配制测试溶液

吸取铁标准使用溶液 0.00mL、5.00mL 加入 2 个 50mL 容量瓶中，然后在两个容量瓶中各加入 1mL 盐酸羟胺溶液，摇匀，放置 2min 后，各加入 2mL 二氮杂菲溶液，混匀后再加 10.0mL 乙酸铵缓冲溶液，各加纯水至 50mL，混匀，放置 10~15min。

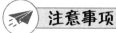
注意事项

试剂的加入顺序不可颠倒。

三、测定数据

用 2cm 吸收池，以试剂空白为参比，在 460~550nm，每隔 10nm 测一次吸光度（在峰值附近，每隔 2nm 测一次吸光度），将测得数据填入表 1-7 中。

注意事项

改变测定波长时必须重新用参比液校正吸光度为零。

四、关机和结束工作

（1）测量完毕清洗吸收池，擦干并放入盒内。

（2）关闭仪器电源。

（3）清洗玻璃仪器。

（4）清理实验工作台，填写仪器使用记录。

五、绘制曲线

在方格纸上，以波长 λ 为横坐标，吸光度 A 为纵坐标，绘制吸收光谱曲线，从曲线上找出最大吸收波长 λ_{max} 填至表 1-7 中。

任务实施记录 ⟩⟩⟩→⟩→⟩

将数据填入表 1-7 中。

表 1-7　绘制吸收光谱曲线记录

记录编号						
检验项目				检验日期		
温度				相对湿度		

铁标准溶液标准物质编号：

测量波长范围_____ nm～_____ nm　　参比溶液_____

吸收池材质_____　　　　　　　　　　　吸收池规格_____ cm

λ/nm	460	470	480	490	500	506	508
A							
λ/nm	510	512	514	520	530	540	550
A							
λ_{max}/nm							
检验人				复核人		

任务评价 ···➡···➡···➡

填写任务评价表，见表 1-8。

表 1-8　任务评价表

序号	评价指标	评价要素	自评
1	试剂	说出试剂名称及浓度	
2	吸量管	润洗 插入溶液前及调节液面前用滤纸擦拭管尖部 溶液放尽后，吸量管停留 15s 后移开	
3	容量瓶	稀释至容量瓶 2/3～3/4 体积时平摇 加纯水至近刻度约 1cm 处等待 1～2min 稀释至刻度 摇匀	
4	选择波长	从小到大依次选择	
5	调零	更换波长时要重新用参比液调仪器零点	
6	绘制吸收曲线	坐标参数选择得当 坐标分度选择得当 描点准确 曲线平滑 λ_{max} 选择正确	

思考题

（一）判断题

1. $CuSO_4$ 溶液呈现蓝色是由于它吸收了白光中的黄色光。 （　　）

2. 绿色玻璃是基于吸收了紫色光而透过了绿色光。 （　　）

3. 人眼能感觉到的光称为可见光，其波长范围是 200～380nm。 （　　）

4. 高锰酸钾溶液呈现紫色的原因是它吸收了绿色光。 （　　）

5. 符合光吸收定律的溶液适当稀释时，最大吸收波长的位置不移动。 （　　）

6. 有色溶液的最大吸收波长随溶液浓度的增加而增大。 （　　）

7. 不同浓度的高锰酸钾溶液，它们的最大吸收波长也不同。 （　　）

8. 当所用的试剂有色而试样无色时，选用的参比溶液是试剂参比。 （　　）

9. 在分光光度法中，当改变仪器波长时，透射比 0% 和 100% 不必重新校正。 （　　）

（二）选择题

1. 紫外-可见分光光度分析中，入射光波长的选择原则是 （　　）。

A. 透射最大，干扰最小　　　　　　B. 吸收最大，干扰最小

C. 透射最小，干扰最大　　　　　　D. 吸收最小，干扰最大

2. 能使人眼视觉系统产生明亮和颜色感觉的电磁波称为可见光，其波长范围是 （　　）。

A. 380～780nm　　B. 380～780μm　　C. 200～380nm　　D. 200～780nm

3. 当一束白光通过紫色高锰酸钾溶液时，（　　）被溶液吸收。

A. 绿色光　　　　B. 紫色光　　　　C. 黄色光　　　　D. 蓝色光

4. 将黄色光和蓝色光按一定强度比例混合可得到白色光，则这两种色光的关系是 （　　）。

A. 可见光　　　　B. 单色光　　　　C. 互补色光　　　　D. 复合光

5. 硫酸铜溶液呈蓝色是由于它吸收了白光中的 （　　）。

A. 红色光　　　　B. 橙色光　　　　C. 黄色光　　　　D. 蓝色光

6. 比色分析中某有色溶液的浓度增加时，最大吸收峰的波长 （　　）。

A. 向长波长方向移动　　　　　　B. 向短波长方向移动

C. 不变，但吸光度增大　　　　　D. 向长波长方向移动，且吸光度增大

7. 如果显色剂或其他试剂在测定波长有吸收，此时的参比溶液应采用 （　　）。

A. 溶剂参比　　B. 试剂参比　　C. 试液参比　　D. 褪色参比

8. 控制适当的吸光度范围的途径不可以是 （　　）。

A. 调整称样量　　B. 控制溶液的浓度　　C. 改变测量波长　　D. 改变定容体积

9. 在分光光度法分析中，使用（　　　）可以消除试剂的影响。

　　A. 蒸馏水　　　　　B. 待测标准溶液　　　C. 试剂空白溶液　　　D. 任何溶液

10. 吸光度为（　　　）时，相对误差较小。

　　A. 越大　　　　　　B. 越小　　　　　　　C. 0.2～0.8　　　　　D. 任意

（三）填空题

1. 在以波长为横坐标、吸光度为纵坐标的浓度不同的 $KMnO_4$ 溶液吸收曲线上可以看出（　　　　）未变，只是（　　　　　　）改变了。

2. 各种物质都有特征的吸收曲线和最大吸收波长，这种特性可作为物质（　　　　　　）的依据；同种物质的不同浓度溶液，任一波长处的吸光度随物质浓度的增加而增大，这是物质（　　　　　　）的依据。

3. 在分光光度分析中，一般选择（　　　　　　）作为测定波长，该波长通过实验绘制（　　　　　）来得到。

任务三　测定方法灵敏度

任务描述 ⇢⇢⇢⇢

　　紫外-可见分光光度法的方法灵敏度指标是摩尔吸光系数。摩尔吸光系数是用来衡量吸光物质吸收特定波长光能力的一个指标。测定方法灵敏度其实就是测定摩尔吸光系数，方法是配制一定浓度的稀溶液，在待测波长下测定吸光度，然后根据光吸收定律计算。

任务目标 ⇢⇢⇢⇢

（1）会测定摩尔吸光系数。

（2）能背诵光吸收定律的内容及表达式。

（3）能说出摩尔吸光系数的含义及单位。

（4）培养精益求精的工匠精神。

（5）培养对社会和环境的责任感。

（6）具有从事本专业工作的职业道德。

1. 仪器

（1）紫外-可见分光光度计。

（2）50mL 容量瓶。

2. 试剂

（1）乙酸铵缓冲溶液（pH＝4.2）。

（2）盐酸羟胺溶液（100g/L）。

（3）二氮杂菲溶液（1.0g/L）。

（4）铁标准储备液（100μg/mL）：标准物质。

知识链接 ⇢⇢⇢⇢

一、朗伯-波格定律

一束光通量为 Φ_0 的平行单色光垂直入射通过吸收介质，若该吸收介质的表面是互相平行的平面，且它内部是各向同性的、均匀的、不发光的、不散射的，则透射光通量 Φ_{tr} 随吸收介质的光路长度 b 的增加而按指数减少，如图 1-13 所示。并有下列方程表示：

$$\Phi_{tr}=\Phi_0\times e^{-kb} \tag{1-5}$$

式中，Φ_{tr} 为透射光通量；Φ_0 为入射光通量；b 为光路长度；e 为自然对数；k 为线性吸收系数。

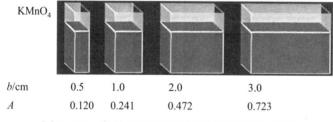

b/cm	0.5	1.0	2.0	3.0
A	0.120	0.241	0.472	0.723

图 1-13　光的吸收程度与光路长度的关系

光路长度是指光通过吸收池内物质的入射面和出射面之间的路程。当辐射以垂直入射时，厚度与光路长度两术语同义。

二、比尔定律

一束平行单色光垂直入射通过一定光路长度的均匀吸收介质，它的透射光通量随介质中吸收物质浓度的增加而按指数减少，如图 1-14 所示。并有下列方程式表示：

$$\Phi_{tr}=\Phi_0\times e^{-k_m\rho} \ 或 \Phi_{tr}=\Phi_0\times e^{-k_\varepsilon c} \qquad (1-6)$$

式中，k_m、k_ε 为质量线性吸收系数或摩尔线性吸收系数，在给定条件下是常数；ρ 为质量浓度；c 为物质的量浓度。

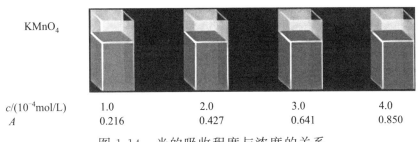

KMnO₄				
$c/(10^{-4}mol/L)$	1.0	2.0	3.0	4.0
A	0.216	0.427	0.641	0.850

图 1-14　光的吸收程度与浓度的关系

三、朗伯-比尔定律（通用吸收定律）

将朗伯-波格和比尔两定律合并为通用吸收定律，即朗伯-比尔定律，也叫光吸收定律。以如下单一方程式表示：

$$\Phi_{tr}=\Phi_0\times 10^{-ab\rho} \ 或 \Phi_{tr}=\Phi_0\times 10^{-\varepsilon bc} \qquad (1-7)$$

$$A=ab\rho \ 或 A=\varepsilon bc \qquad (1-8)$$

式中，a 为质量吸光系数，在给定试验条件下是常数；ε 为摩尔吸光系数，在给定试验条件下是常数。

吸光度 A、透射比 τ、物质的量浓度 c 三者关系如图 1-15 所示。

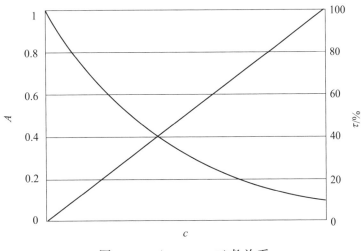

图 1-15　A、τ、c 三者关系

四、吸光系数

吸光系数指待测物质在单位浓度、单位厚度时的特征吸光度。按照使用浓度单位的不同，分为质量吸光系数和摩尔吸光系数。

1. 质量吸光系数α

指厚度以厘米表示、浓度以克每升表示的吸光系数，单位为 L/(g·cm)。

$$\alpha = \frac{A_c}{b\rho} \tag{1-9}$$

式中，A_c 为特征部分内吸光度（指由物质中某一种组分引起的部分内吸光度）；ρ 为质量浓度，g/L；b 为厚度，cm。

2. 摩尔吸光系数ε

指厚度以厘米表示、浓度以摩尔每升表示的吸光系数，单位为 L/(mol·cm)。

$$\varepsilon = \frac{A_c}{bc} \tag{1-10}$$

式中，A_c 为特征部分内吸光度；c 为物质的量浓度，mol/L；b 为厚度，cm。

摩尔吸光系数越大，在分光光度法中测定的灵敏度也越大，ε 可作为衡量方法灵敏度的指标。

五、朗伯-比尔定律的偏离

朗伯-比尔定律的应用条件：必须使用单色光；吸收发生在均匀的介质中；吸光物质互相不发生作用。根据朗伯-比尔定律，理论上，吸光度 A 与吸光物质的浓度 c 成正比，但在实际工作中，常常遇到偏离线性关系的现象，即曲线向下（负偏离）或向上（正偏离）发生弯曲，产生负偏离或正偏离，或者不通过零点。这种现象称为偏离光吸收定律。

偏离光吸收定律的主要因素如下。

（1）物理性因素，即仪器的非理想引起偏离。朗伯-比尔定律的前提条件之一是入射光为单色光。分光光度计只能获得近乎单色的狭窄光带。复合光可导致对朗伯-比尔定律的正或负偏离。非单色光、杂散光、非平行入射光都会引起对朗伯-比尔定律的偏离，最主要的是非单色光作为入射光引起的偏离。

（2）化学性因素，即溶液的化学因素引起偏离。朗伯-比尔定律假定所有的吸光质点之间不发生相互作用，假定只有在稀溶液（$c < 10^{-2}$ mol/L）时才基本符合。溶液中吸光质点间发生缔合、离解、聚合、互变异构、配合物的形成等相

互作用，使吸光质点的浓度发生变化，影响吸光度。

例如，铬酸盐或重铬酸盐溶液中存在下列平衡：

$$2CrO_4^{2-} + 2H^+ \Longrightarrow Cr_2O_7^{2-} + H_2O$$

溶液中 CrO_4^{2-}、$Cr_2O_7^{2-}$ 的颜色不同，吸光性质也不相同。故此时溶液 pH 对测定有重要影响。

（3）比尔定律的局限性引起偏离。严格来说，比尔定律是一个有限定律，它只适用于浓度小于 0.01mol/L 的稀溶液。因为浓度高时，吸光粒子间平均距离减小，以致每个粒子都会影响邻近粒子的电荷分布。这种相互作用使它们的摩尔吸光系数 ε 发生改变，因而导致偏离比尔定律。实际操作中，常控制待测溶液的浓度在 0.01mol/L 以下。

任务实施

一、配制试剂

（1）铁标准使用溶液（10.0μg/mL）：吸取 10.00mL 铁标准储备液，用纯水定容至 100mL，现用现配。

（2）显色溶液：吸取铁标准使用溶液 0mL、2.00mL、4.00mL、6.00mL 加入 4 个 50mL 容量瓶中，然后在 4 个容量瓶中各加入 1mL 盐酸羟胺溶液，摇匀，放置 2min 后，各加入 2mL 二氮杂菲溶液，混匀后再各加 10.0mL 乙酸铵缓冲溶液，最后各加纯水定容至 50mL，混匀，放置 10～15min。

二、数据测定

（1）对 2cm 吸收池进行配套性实验，选择配套吸收池。

（2）以试剂空白溶液为参比，在最大吸收波长处，测定各显色溶液的吸光度。

（3）按关机要求正确关机。

三、数据处理

分别计算 ε，求出 ε 的平均值及相对标准偏差 Rsd。

任务实施记录

记录并处理数据，填入表 1-9。

表 1-9　测定 UV-Vis 方法灵敏度原始记录

记录编号			
检验项目		检验日期	
温度		相对湿度	

铁标准溶液标准物质编号：

测量波长 _____ nm　　参比溶液 _____

吸收池材质 _____　　吸收池规格 _____ cm

一、吸收池配套性				
编号	1	2	3	4
$\tau/\%$				
配套吸收池				

二、测 ε			
V/mL			
A			
$\varepsilon/[\mathrm{L}/(\mathrm{cm \cdot mol})]$			
$\bar{\varepsilon}/[\mathrm{L}/(\mathrm{cm \cdot mol})]$			
Rsd/%			
检验人		复核人	

任务评价 ⇢⇢⇢⇢

填写任务评价表，见表 1-10。

表 1-10　任务评价表

序号	评价指标	评价要素	自评
1	溶液准备	吸取储备液体积 定容	
2	吸光度测定	选择波长 使用吸收池 调节仪器透射比 0%、100%	
3	灵敏度计算	计算过程 计算结果 有效数字	
4	结束工作	清洗吸收池 关闭电源 仪器试剂放回原位 填写仪器实验记录卡	

思考题

（一）判断题

1. 当透射光通量 $\Phi_{tr}=0$ 时，则吸光度 $A=100$。 （　　）

2. 朗伯-比尔定律适用于一切浓度的有色溶液。 （　　）

3. 比尔定律适用于稀溶液，即 $c>0.01mol/L$。 （　　）

4. 朗伯-比尔定律中，浓度与吸光度之间的关系是通过原点的一条直线。 （　　）

5. 分光光度法的理论依据是朗伯-比尔定律。 （　　）

6. 摩尔吸光系数越大，表示该物质对某波长光的吸收能力越强，测定的灵敏度就越高。 （　　）

7. 吸光物质的吸光系数与入射光波长无关。 （　　）

8. 对于均匀非散射的稀溶液，溶液的摩尔吸光系数与溶液的浓度成正比。 （　　）

（二）选择题

1. 吸光度由 0.434 增加到 0.514 时，透射比 τ 的变化为（　　）。

    A. 增加了 6.2%　　　　　　　　　　B. 减少了 6.2%

    C. 减少了 0.080　　　　　　　　　　D. 增加了 0.080

2. 某有色溶液在某一波长下用 2cm 吸收池测得其吸光度为 0.750，若改用 0.5cm 和 3cm 吸收池，则吸光度各为（　　）。

    A. 0.188、1.125　　　　　　　　　　B. 0.108、1.105

    C. 0.088、1.025　　　　　　　　　　D. 0.180、1.120

3. 符合比尔定律的有色溶液稀释时，其最大的吸收峰的波长位置（　　）。

    A. 向长波方向移动　　　　　　　　　B. 向短波方向移动

    C. 不移动，但峰高降低　　　　　　　D. 无任何变化

4. 测定符合朗伯-比尔定律的某有色溶液透射比时，若减小溶液的浓度，则测得的透射比将（　　）。

    A. 减小　　　　B. 增大　　　　C. 不变　　　　D. 无法确定

5. 一束（　　）通过有色溶液时，溶液的吸光度与溶液浓度和液层厚度的乘积成正比。

    A. 平行可见光　　B. 平行单色光　　C. 白光　　　　D. 紫外光

6. 有两种不同有色溶液均符合朗伯-比尔定律，测定时若吸收池厚度、入射光强度及溶液浓度皆相等，以下说法正确的是（　　）。

    A. 透过光强度相等　　　　　　　　　B. 吸光度相等

    C. 吸光系数相等　　　　　　　　　　D. 以上说法都不对

7. 有甲、乙两个不同浓度的同一有色物质的溶液，用同一波长的光进行测定，当甲溶液用 1cm 吸收池、乙溶液用 2cm 吸收池时获得的吸光度值相同，则他们的浓度关系为（　　）。

 A. 甲等于乙　　　　　　　　　　　　　B. 乙是甲的二分之一

 C. 甲是乙的二分之一　　　　　　　　　D. 乙是甲的两倍

8. 摩尔吸光系数的单位是（　　）。

 A.（mol/L）·cm　　B. mol·cm/L　　　C. mol·cm·L　　　　D. L/(mol·cm)

9. 质量吸光系数的单位为（　　）。

 A. 克/（升·厘米）　　　　　　　　　　B. 升/（摩尔·厘米）

 C. 升/（克·厘米）　　　　　　　　　　D. 克/（升·厘米）

10. 有色溶液的摩尔吸光系数越大，则测定时（　　）越高。

 A. 灵敏度　　　　　B. 准确度　　　　　C. 精密度　　　　　D. 吸光度

11. 下列因素中与吸光物质的吸光系数有关的是（　　）。

 A. 吸收池材料　　　　　　　　　　　　B. 吸收池厚度

 C. 吸光物质的浓度　　　　　　　　　　D. 入射光波长

12. 摩尔吸光系数很大，则说明（　　）。

 A. 该物质的浓度很大　　　　　　　　　B. 光通过该物质溶液的光程长

 C. 该物质对某波长光的吸收能力强　　　D. 测定该物质的方法的灵敏度低

13. 下列说法正确的是（　　）。

 A. 透射比与浓度成直线关系　　　　　　B. 摩尔吸光系数随被测溶液的浓度而改变

 C. 摩尔吸光系数随波长而改变　　　　　D. 光学玻璃吸收池适用于紫外光区

（三）计算题

1. 某试液显色后用 2cm 吸收池测量时，$\tau=50.0\%$，若用 1cm 或 5cm 吸收池测量，τ 及 A 各为多少？

2. $KMnO_4$ 溶液在 525nm 处用 1cm 吸收池测得其透射比为 36.0%，若将其稀释一倍，则其吸光度和透射比将各为多少？

3. 用二氮杂菲分光光度法测定铁，已知测定试样中铁的含量为 $0.500\mu g/mL$，用 3cm 厚度比色皿，在波长 510nm 处测得吸光度为 0.297，请计算二氮杂菲亚铁的摩尔吸光系数 ε。（$M_{Fe}=55.85g/mol$）

4. 卡巴克络的摩尔质量为 236g/mol，将其配成 100mL 含卡巴克络 0.4300mg 的溶液，盛于 1cm 的比色皿中，在 $\lambda_{max}=550nm$ 处测得 A 值为 0.483，试求卡巴克络的质量吸光系数（α）和摩尔吸光系数（ε）。

任务四 识读检测标准及样品前处理

任务描述 ❯❯❯❯❯

依据《生活饮用水标准检验方法 第6部分：金属和类金属指标》（GB/T 5750.6—2023），采用二氮杂菲分光光度法对生活饮用水中的总铁进行检测，在仔细阅读、理解标准的基础上，准备所需的仪器、试剂，并对样品进行前处理。

任务目标 ❯❯❯❯❯

（1）会查找方法定量限、精密度。

（2）会配制所需溶液。

（3）会对样品进行前处理。

（4）能说出纯盐酸、硝酸、硫酸、氨水中溶质的化学式及浓度。

（5）培养个人安全防护的安全意识。

（6）培养归纳总结的能力。

（7）具备吃苦耐劳的精神。

仪器、试剂 ❯❯❯❯❯

（1）仪器：聚乙烯瓶。

（2）试剂：硝酸。

知识链接 ❯❯❯❯❯

几种酸碱（分析纯）的常用参数见表1-11。

表 1-11 几种酸碱（分析纯）的常用参数

名称	盐酸	硫酸	硝酸	冰醋酸	氨水
溶质的化学式	HCl	H_2SO_4	HNO_3	CH_3COOH	NH_3
分子量	36.46	98.08	63.01	60.05	17.03
密度(20℃)/(g/mL)	1.18	1.84	1.42	1.05	0.90

名称	盐酸	硫酸	硝酸	冰醋酸	氨水
质量分数/%	36.0～38.0	95.0～98.0	65.0～68.0	≥99.5	25～28
浓度/(mol/L)	12	18	15	17	13

任务实施 ⇢⇢⇢

一、阅读与查找标准

仔细阅读 GB/T 5750.6—2023，理解二氮杂菲分光光度法对生活饮用水中总铁进行检测的整个流程，找出方法的适用范围、相关标准、方法原理、精密度、定量限等内容，将结果填入表 1-12。

二、试样前处理

本项目分析生活饮用水样品为末梢水，依据《生活饮用水标准检验方法 第 2 部分：水样的采集与保存》（GB/T 5750.2—2023）。

（1）采样容器：将聚乙烯瓶用水和洗涤剂清洗，除去灰尘和油垢后用自来水冲洗干净，然后用质量分数为 10% 的硝酸浸泡 8h 以上，取出沥净后用自来水冲洗 3 次，并用纯水充分淋洗干净。

（2）采样方法：采样点设置在用户的水龙头处，先放水数分钟，排除沉积物，特殊情况可适当延长放水时间。采样前应先用待采集的水样荡洗采样器、容器和塞子 2～3 次，然后采样 0.5～1L。

（3）保存方法：加入硝酸调至 pH≤2。

任务实施记录 ⇢⇢⇢

将结果记录于表 1-12 中。

表 1-12　识读检测标准及样品前处理记录

记录编号			
相关标准			
方法原理			
定量限			
准确度		精密度	
检验人		复核人	

任务评价 ⇢⇢⇢⇢

填写任务评价表，见表 1-13。

表 1-13 任务评价表

序号	评价指标	评价要素	自评
1	阅读与查找标准	相关标准 方法原理 定量限 准确度 精密度	
2	结束工作	仪器试剂放回原位	

思考题

（一）填空题

1. GB/T 5750.6—2023 中二氮杂菲法测总铁适用于（　　　　）的测定。

2. GB/T 5750.6—2023 中二氮杂菲法测总铁的最低检测质量是（　　　　）。

3. GB/T 5750.6—2023 中二氮杂菲法测总铁的精密度是（　　　　）。

（二）简答题

简述紫外-可见分光光度法测定生活饮用水中总铁的实验原理。

任务五　测定生活饮用水中的总铁

任务描述 ⇢⇢⇢⇢

依据《生活饮用水标准检验方法　第 6 部分：金属和类金属指标》（GB/T 5750.6—2023），采用二氮杂菲分光光度法对采集的末梢水中的总铁进行检测，使用标准曲线法进行定量。

二氮杂菲分光光度法测水中微量铁含量（溶液配制）

二氮杂菲分光光度法测水中微量铁含量（工作曲线绘制与水中微量铁测定　工作软件操作）

任务目标 ⇢⇢⇢⇢

（1）会填写原始记录表格。

（2）会配制所需的溶液。

（3）会使用质控样进行实验室质量控制。

（4）能阐明光吸收定律。

（5）会概述标准曲线法定量分析过程。

（6）能归纳标准曲线法的注意事项。

（7）会描述质控样的作用。

（8）培养个人安全防护的安全意识。

（9）培养独立思考和解决问题的意识。

（10）具备数据溯源的意识。

仪器、试剂

1. 仪器

（1）紫外-可见分光光度计。

（2）50mL 比色管、150mL 锥形瓶等玻璃器皿。（注：所有玻璃器皿每次使用前均需用稀硝酸浸泡除铁。）

2. 试剂

（1）乙酸铵缓冲溶液（pH＝4.2）。

（2）盐酸羟胺溶液（100g/L）。

（3）二氮杂菲溶液（1.0g/L）。

（4）盐酸（1＋1）溶液。

（5）铁标准储备液（100μg/mL）：标准物质。

知识链接

一、标准曲线法

标准曲线是描述待测物质浓度（或量）与检测仪器响应值之间的定量关系曲线。如果样品中的吸光组分是单组分，且遵循光吸收定律，那么可以利用标准曲线法定量。

标准曲线法的具体操作如下。配制四个以上浓度成适当比例的标准溶液，在规定波长下，分别测定吸光度。以标准溶液浓度为横坐标、相应的吸光度为纵坐标，绘制标准曲线，同时配制适当浓度的样品溶液，在相同条件下测定吸光度，并在标准曲线上查出待测物浓度（见图 1-16）。该溶液浓度也可根据测定的吸光度用回归方程计算。

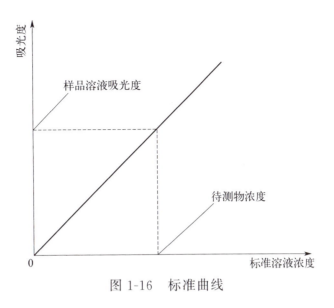

图 1-16　标准曲线

应用标准曲线法要注意以下几点：

（1）在测量范围内，配制的标准溶液系列已知浓度点不得少于 4 个（含空白浓度）；

（2）制作标准曲线用的容器和量器，应经检定合格，如使用比色管必须配套，必要时应进行容积的校正；

（3）操作时试样与标样应同时显色，并在相同测量条件下测量试样与标样溶液的吸光度；

（4）标准曲线的相关系数绝对值一般应大于或等于 0.999，否则需从分析方法、仪器、量器、操作等方面查找原因，改进后重新绘制；

（5）试液的浓度应在标准曲线线性范围内，最好在标准曲线中部，曲线不得任意外延；

（6）标准曲线应定期校准，如果实验条件变动（如更换标准溶液、所用试剂重新配制、仪器经过修理、更换光源等情况），标准曲线应重新绘制；

（7）测定时，为避免使用时出差错，所作标准曲线上必须标明标准曲线的名称、所用标准溶液（或标样）名称和浓度、坐标分度和单位、测量条件（仪器型号、入射光波长、吸收池厚度、参比液名称）以及制作日期和制作者姓名。

二、质控样

质控样也叫质控样品，是基质与待测样品尽可能相同，但其中分析物含量为已知的样品。通常采用有证标准样品做质控样。实验室中通过选择与待测样品相似的质控样，能够有效地监控和保障结果的准确度，尤其是在确保前处理效果、验证回收率、降低基质干扰等方面。

任务实施 →→→→→→

一、配制试剂

铁标准使用溶液（10.0μg/mL）：吸取 10.00mL 铁标准储备液，用纯水定容至 100mL，现用现配。

二、准备水样、标准系列和质控样

（1）吸取 50.0mL 混匀的水样（含铁量超过 50μg 时，可取适量水样加纯水稀释至 50mL），于 150mL 锥形瓶中。平行 2 次。

（2）另取 150mL 锥形瓶 8 个，用吸量管分别加入铁标准使用溶液 0mL、0.25mL、0.50mL、1.00mL、2.00mL、3.00mL、4.00mL、5.00mL，各加纯水至 50mL。

（3）按质控样证书的要求配制质控样，吸取 50.0mL 混匀的质控样于 150mL 锥形瓶中。

三、显色处理

（1）向装有水样、标准系列及质控样的锥形瓶中各加 4mL 盐酸（1+1）溶液和 1mL 盐酸羟胺溶液，小火煮沸浓缩至约 30mL，冷却至室温后移入 50mL 比色管中。

（2）向水样、标准系列及质控样的比色管中各加入 2mL 二氮杂菲溶液，混匀后再加 10.0mL 乙酸铵缓冲溶液，各加纯水至 50mL，混匀，放置 10～15min。

✈ **注意事项** ·······

（1）总铁包括水中悬浮性铁和微生物体中的铁，取样时应剧烈振摇均匀，并立即吸取，以防止重复测定结果之间出现很大差别。

（2）乙酸铵试剂可能含有微量铁，故缓冲溶液的加入量要准确一致。

（3）若水样较清洁，含难溶亚铁盐少时，可将所加试剂量减半，标准系列与样品保持一致。

四、数据测定

（1）对 2cm 吸收池进行配套性实验，选择配套吸收池。

（2）于 510nm 波长，用 2cm 吸收池，以纯水为参比，测量标准系列、质控样及水样的吸光度。

（3）按关机要求正确关机。

> ✈ **注意事项** ....
>
> 通常情况下，浓度从低到高的测定顺序中间可以不用校零。若仪器稳定性不够时，则需要每测定一个溶液吸光度前均用参比溶液校零。

五、数据处理

1. 标准曲线的制作

以质量浓度为横坐标、吸光度值为纵坐标，制作标准曲线，也可以采用一元线性回归法处理。

2. 质控样含量计算

根据质控样溶液的吸光度，从标准曲线（或回归方程）上得出相应的质量浓度，计算质控样含量，并按质控样证书要求表示结果。

3. 试样含量计算

根据试样溶液的吸光度，从标准曲线（或回归方程）上得出相应的质量浓度，计算试样含量，并按 GB/T 5750.6—2023 的要求表示最终结果。

六、质控判断

将质控样检测结果与质控样证书比较，如果超出其扩展不确定度范围，则本次检测无效，需要重新进行检测，若没超出其扩展不确定度范围，则本次检测有效。

任务实施记录 ⟶⟶⟶⟶

将数据记录于表 1-14 中。

表1-14　生活饮用水中总铁的检测原始记录

记录编号			
样品名称		样品编号	
检验项目		检验日期	
检验依据		判定依据	
温度		相对湿度	

铁标准溶液标准物质编号：

测量波长＿＿＿＿＿nm　参比溶液＿＿＿＿＿

吸收池材质＿＿＿＿　吸收池规格＿＿＿＿＿cm

一、吸收池配套性

编号	1	2	3	4
$\tau/\%$				
配套吸收池				

二、标准系列溶液

V/mL	0.00	0.25	0.50	1.00	2.00	3.00	4.00	5.00
$\rho_{\text{Fe}}/(\mu\text{g/mL})$								
A								
回归方程				相关系数				

三、样品

序号	1	2
V/mL		
A		
$\rho_{x,\text{Fe}}/(\mu\text{g/mL})$		
$\rho_{x原,\text{Fe}}/(\text{mg/L})$		
$\bar{\rho}_{原,\text{Fe}}/(\text{mg/L})$		

四、质控样

质控样配制方法：

质控样证书含量：　　　　扩展不确定度：

A		$\rho_{\text{Fe}}/(\mu\text{g/mL})$	
质控样含量			
本次检测		有效□；无效□	
检验人		复核人	

填写任务评价表，见表 1-15。

表 1-15　任务评价表

序号	评价指标	评价要素	自评
1	溶液配制	配制方法 配制操作	
2	数据测量	波长选择 测量顺序 校零检查	
3	结束工作	吸收池清洗 电源关闭 玻璃仪器清洗 填写仪器实验记录卡	
4	处理数据	计算过程 计算结果 有效数字	

思考题

（一）判断题

1. 加入盐酸羟胺、乙酸铵等试剂的量不必准确。（　　）

2. 二氮杂菲法测总铁所用的参比溶液是蒸馏水。（　　）

3. 测标准系列吸光度时，测量顺序是从浓到稀。（　　）

4. 加入显色剂二氮杂菲后，显色时间是 5min。（　　）

5. 在 pH 为 3～9 的条件下，高价铁离子与二氮杂菲生成稳定的橙色配合物。（　　）

6. 标准曲线法是常用的一种定量方法，绘制标准曲线时需要在相同操作条件下测出三个以上标准点的吸光度后，在方格坐标纸上绘制标准曲线。（　　）

7. 标准曲线应定期校准，如果实验条件变动，标准曲线应重新绘制。（　　）

8. 试样与标样应同时显色，在相同测量条件下测量吸光度。（　　）

9. 如果试液的浓度超过标准曲线的线性范围，则可以将曲线顺势外延。（　　）

10. 一元线性回归分析得出方程后，可以由未知液吸光度计算出未知液的浓度，避免了制作曲线与查曲线所带来的误差。（　　）

（二）选择题

1. 用二氮杂菲法测定水中微量铁，通常选择（　　）缓冲溶液较合适。

A. 邻苯二甲酸氢钾　　　　　　　B. NH_3-NH_4Cl

C. $NaHCO_3$-Na_2CO_3　　　　　D. HAc-NH_4Ac

2. 用二氮杂菲法测定水中微量铁，盐酸羟胺的作用是（　　　）。

A. 氧化剂　　　B. 还原剂　　　C. 掩蔽剂　　　D. 释放剂

3. 用标准曲线法测定某药物含量时，用参比溶液调节 $A=0$ 或 $\tau=100\%$，其目的是（　　　）。

A. 使测量中 c-τ 成线性关系

B. 使标准曲线通过坐标原点

C. 使测量符合比尔定律，不发生偏离

D. 使所测吸光度值真正反映的是待测物的 A 值

4. 标准曲线的相关系数绝对值一般应大于或等于（　　　）。

A. 0.9　　　B. 0.99　　　C. 0.999　　　D. 0.9999

项目二

分光光度法测定黄杨宁片中环维黄杨星D

黄杨宁片的成分主要是环维黄杨星D，环维黄杨星D为黄杨科植物小叶黄杨及其同属植物中提取精制所得，并与其制剂黄杨宁片一起收载于《中华人民共和国药典》。环维黄杨星D为无色针状结晶；气微，味苦；在三氯甲烷中易溶，在甲醇或乙醇中溶解，在丙酮中略溶，在水中微溶；熔点为219～222℃，熔融时同时分解。

2020年版《中华人民共和国药典》（以下简称《中国药典》）规定，采用紫外-可见分光光度法测定黄杨宁片中环维黄杨星D的含量，定量方法为比较法。

任务一　识读检测标准及样品前处理

任务描述

依据《中国药典》一部，采用比较法对黄杨宁片中环维黄杨星D进行检测，在仔细阅读、理解标准的基础上，准备所需的仪器、试剂，并对样品进行前处理。

任务目标

（1）能查找方法原理。

（2）会配制所需溶液。

（3）会对对照品和样品进行前处理。

（4）能说出比较法的计算公式。

（5）能总结比较法的注意事项。

（6）培养自主学习和持续学习的意识。

（7）培养归纳总结的能力。

（8）具备节约成本的理念。

仪器、试剂 ⇢⇢⇢⇢

1. 仪器

（1）电子天平：0.1mg。

（2）离心机。

（3）水浴锅。

2. 试剂

（1）环维黄杨星 D：对照品。

（2）磷酸二氢钠。

（3）溴麝香草酚蓝。

（4）黄杨宁片样品：药片。

知识链接 ⇢⇢⇢⇢

一、分光光度法测定环维黄杨星 D 的原理

在磷酸二氢钠缓冲液（pH＝6.8）中，环维黄杨星 D 能与溴麝香草酚蓝结合成有色离子对，此离子对可溶于三氯甲烷，并在 410nm 下有最大吸收，故可通过测定离子对的吸光度，计算环维黄杨星 D 的含量。

$$\underset{\substack{\text{生物碱盐}\\\text{阳离子}}}{BH^+} + \underset{\substack{\text{溴麝香草酚}\\\text{蓝阴离子}}}{In^-} \xrightarrow{\text{缓冲溶液（pH＝6.8）}} \underset{\text{有色配合物}}{BH^+In^-}$$

二、比较法

比较法也叫标准对照法、对照品比较法，是用一个已知浓度的标准溶液（c_s），在一定条件下，测得其吸光度 A_s，然后在相同条件下测得试液 c_x 的吸光度 A_x。如果试液和标准溶液符合朗伯-比尔定律，则

$$c_x = \frac{A_x}{A_s} c_s \tag{2-1}$$

使用比较法的条件是：c_x 与 c_s 应接近，且都符合吸收定律。比较法适用于

个别样品的测定。

任务实施 ·+·+·+·+·+

一、阅读与查找标准

仔细阅读《中国药典》一部的"黄杨宁片"相关内容，理解分光光度法对黄杨宁片中环维黄杨星 D 进行检测的整个流程，查找方法原理，填至表 2-1。

二、配制试剂

（1）磷酸二氢钠缓冲液（0.05mol/L）：称取 6.00g 无水磷酸二氢钠，置于烧杯中，加少量纯水溶解，固体全部溶解后，将溶液转移到 1000mL 容量瓶中，定容，摇匀。

（2）溴麝香草酚蓝溶液（72mg/L）：称取溴麝香草酚蓝 18mg，置 250mL 容量瓶中，加甲醇 5mL 使溶解，加 0.05mol/L 磷酸二氢钠缓冲液至刻度，摇匀。

三、试样前处理

1. 制备对照品使用溶液

精密称取环维黄杨星 D 对照品约 25mg，置 250mL 容量瓶中，加甲醇 70mL 使其溶解，用 0.05mol/L 磷酸二氢钠缓冲液稀释至刻度，摇匀。

2. 制备黄杨宁片样品粉末

精密称取黄杨宁片样品 20 片，研细。

3. 制备对照品溶液

精密量取对照品使用溶液 10mL，置 100mL 容量瓶中，用 0.05mol/L 磷酸二氢钠缓冲液稀释至刻度，摇匀，即得（每 1mL 含环维黄杨星 D 10μg）。平行配制 2 份。

4. 制备供试品溶液

精密称取适量黄杨宁片样品粉末（约相当于环维黄杨星 D 0.5mg），置 50mL 容量瓶中，加 0.05mol/L 磷酸二氢钠缓冲液至近刻度，80℃ 水浴温浸 1.5h 后取出，冷却至室温，加 0.05mol/L 磷酸二氢钠缓冲液至刻度，摇匀，离心 6min（转速为 3000r/min），取上清液，即得。平行配制 2 份。

5. 制备供试品加标溶液

精密移取适量溶液（约相当于环维黄杨星 D 0.5mg），置 100mL 容量瓶中，精密量取对照品使用溶液 5mL 于容量瓶中，加 0.05mol/L 磷酸二氢钠缓冲液至近刻度，80℃水浴温浸 1.5h 后取出，冷却至室温，加 0.05mol/L 磷酸二氢钠缓冲液至刻度，摇匀，离心 6min（转速为 3000r/min），取上清液，即得。平行配制 2 份。

任务实施记录

将数据记录于表 2-1 中。

表 2-1　识读检测标准及样品前处理数据记录

记录编号		
一、阅读与查找标准		
相关标准		
方法原理		
二、对照品使用溶液		
环维黄杨星 D 对照品编号：		
m/g		$V_{定容}/mL$
$\rho_{s使用}/(\mu g/mL)$		
三、黄杨宁片样品粉末		
黄杨宁片样品标示量/g		
样品 20 片质量/g		平均片重/g
四、对照品溶液		
序号	1	2
V_s/mL		
定容/mL		
五、供试品溶液		
序号	1	2
m/g		
定容/mL		
六、供试品加标溶液		
序号	1	2
m/g		
V_s/mL		
定容/mL		
检验人		复核人

填写任务评价表，见表 2-2。

表 2-2 任务评价表

序号	评价指标	评价要素	自评
1	阅读与查找标准	相关标准 方法原理	
2	对照品溶液配制	计算结果 精确称量	
3	供试品、供试品加标溶液配制	精确称量 量器选择 水浴恒温 离心分离	

思考题

1. 分光光度法测黄杨宁片中环维黄杨星 D 的原理是什么？
2. 分光光度法中用比较法定量的条件是什么？
3. 试写出比较法的计算公式，并指出各项的含义。

任务二　测定黄杨宁片中环维黄杨星 D

任务描述 ···▶···▶···▶

黄杨宁片样品和环维黄杨星 D 对照品经过前处理成为溶液后，依据《中国药典》一部，采用紫外-可见分光光度法（即《中国药典》三部中"0401　紫外-可见分光光度法"），使用对照品比较法对环维黄杨星 D 进行定量分析。

任务目标 ···▶···▶···▶

（1）会填写原始记录表格。
（2）会配制所需的溶液。
（3）会检测加标回收率。

（4）能说出标示量的百分含量。

（5）能说出加标回收率的计算公式。

（6）会概括紫外-可见分光光度计的日常维护保养方法。

（7）培养独立思考和解决问题的意识。

（8）具备节约成本的理念。

（9）具备严谨、仔细、认真的职业素养。

仪器、试剂

1. 仪器

紫外-可见分光光度计。

2. 试剂

（1）磷酸二氢钠缓冲液（0.05mol/L）。

（2）溴麝香草酚蓝溶液（72mg/L）。

（3）环维黄杨星 D 对照品溶液。

（4）黄杨宁片供试品溶液。

（5）黄杨宁片供试品加标溶液。

（6）无水硫酸钠。

知识链接

一、标示量的百分含量

药物制剂中药物的含量一般用标示量的百分含量来表示。标示量的百分含量指一个制剂单位中平均含有某药物成分的量占制剂标准"规格"量（即标示量）的百分数。

$$标示量的百分含量 = \frac{单位制剂的量}{标示量} \times 100\% \tag{2-2}$$

二、加标回收率

在测定样品的同时，于同一样品的子样中加入一定量的标准物质进行测定，将其测定结果扣除样品的测定值，以计算加标回收率，计算方法见式（2-3）。加标回收率应符合方法规定的要求。

加标回收率用于反映待测物在分析过程中的损失程度，是检查和评定某种分析方法准确度的指标。当按照平行加标进行回收率测定时，所得结果既可以反映测试结果的准确度，也可以判断其精密度。

$$P = \frac{m_a - m_b}{m} \times 100\% \qquad (2\text{-}3)$$

式中，P 为回收率，%；m_a 为加标样品测定出的质量；m_b 为加标样品中的原样质量（通过原样测定结果计算得到）；m 为加入标样的质量。

注意事项

加标量一般情况下应满足以下条件：

（1）加标量一般为样品含量的 0.5～2 倍，不得大于样品含量的 3 倍；

（2）加标后的总浓度不能超过方法的测定上限；

（3）当样品含量接近方法检出限时，加标量应控制在标准曲线的低浓度范围；

（4）当样品含量高于标准曲线的中间浓度时，加标量应控制在样品含量的 0.5 倍。

三、紫外-可见分光光度计的日常维护保养

（1）仪器应安放在干燥的房间内，放置在坚固平稳的工作台上，室内照明不宜太强。天气热时不能用电风扇直接向仪器吹风，防止光源灯丝发光不稳定。

（2）为确保仪器稳定工作，若 220V 电源电压波动较大时要预先稳压，最好备一台 220V 稳压器。

（3）仪器要接地良好。

（4）光电转换元件不能长时间曝光，仪器连续使用时间不宜过长，可考虑在中途间歇半小时后再继续工作。

（5）当仪器停止工作时，必须切断电源，开关置于"关"。

（6）为了避免仪器积灰和沾污，在停止工作时用塑料套子罩住整个仪器。

（7）仪器工作数月或经过搬运后，要检查波长精确性等方面的性能，以确保仪器测定的精确程度。

（8）仪器若暂时不用则要定期通电，每次不少于 20～30min，以保持整机呈干燥状态，并且维持电子元器件的性能。

任务实施 ⇢⇢⇢⇢

一、显色处理

精密量取对照品溶液、供试品溶液及供试品加标溶液各 5mL，分别置于分液漏斗中，各精密加入溴麝香草酚蓝溶液 5mL，摇匀，立即分别精密加入三氯甲烷 10mL，振摇 2min，静置 1.5h，分取三氯甲烷层，置含 0.5g 无水硫酸钠的具塞试管中，振摇，静置，取上清液进行测定。同时配制空白溶液。

二、数据测定

（1）于 410nm 波长，用 1cm 石英吸收池，以试剂空白溶液为参比，测量对照品溶液、供试品溶液及供试品加标溶液的吸光度。

（2）按关机要求正确关机。

三、数据处理

1. 试样含量计算

（1）采用比较法求出供试品的质量浓度。

（2）计算供试品中环维黄杨星 D 标示量的百分含量。

2. 加标回收率计算

（1）采用比较法求出加标回收率溶液的质量浓度。

（2）根据加标回收率溶液处理过程计算加标回收率。

任务实施记录 ⇢⇢⇢⇢

填写表 2-3。

表 2-3 黄杨宁片中环维黄杨星 D 含量的检测记录

记录编号			
样品名称		样品编号	
检验项目		检验日期	
检验依据		判定依据	
温度		相对湿度	

测量波长_____nm　　参比溶液_____
吸收池材质_____　　吸收池规格_____cm

一、吸收池配套性

编号	1	2	3	4
$\tau/\%$				
配套吸收池				

二、对照品使用溶液

环维黄杨星 D 对照品编号：

m/g		$V_{定容}/mL$	
$\rho_{s使用}/(\mu g/mL)$			

三、黄杨宁片样品粉末

黄杨宁片样品标示量/g			
样品 20 片质量/g		平均片重/g	

四、对照品溶液

序号	1	2
V_s/mL		
定容/mL		
$\rho_s/(\mu g/mL)$		
A		
$\bar{A}$		

五、供试品溶液

序号	1	2
m/g		
定容/mL		
A		
$\rho_x/(\mu g/mL)$		
标示量的百分含量/%		
标示量的百分含量均值/%		

六、供试品加标溶液

序号	1	2
m/g		
V_s/mL		
定容/mL		
A		
$\rho/(\mu g/mL)$		

$P/\%$			
$\overline{P}/\%$			
检验人		复核人	

任务评价 ⋯⟩⋯⟩⋯⟩

填写任务评价表，见表2-4。

表2-4　任务评价表

序号	评价指标	评价要素	自评
1	显色及萃取	精密移液 静置 分液	
2	测定数据	参比溶液 测量波长 吸收池的使用 数据记录	
3	样品计算	以比较法公式计算浓度 样品标示量的百分含量 加标回收率 计算过程 有效数字	

思考题

1. 什么是标示量的百分含量？

2. 分光光度法测定环维黄杨星D的显色剂是什么？萃取剂是什么？测定波长是多少？

项目三

目视比色法测定工业废水中的氟化物

氟是人体必需的微量元素之一，当饮用水中氟含量不足时，易患龋病；但若长期饮用氟质量浓度高于 1.0mg/L 的水，则会导致不同程度的氟中毒。工业上，含氟矿石开采、金属冶炼、铝加工、焦炭、玻璃、电子、电镀、化肥、农药等行业排放的废水中常含有高浓度的氟化物，会对生活环境造成严重污染。因此，工业废水中氟化物含量的测定就显得尤为重要。

水中氟化物的测定方法主要有氟离子选择电极法、氟试剂比色法、茜素磺酸锆比色法、硝酸钍滴定法和离子色谱法。本项目采用目视比色分析法测定工业废水中的氟化物。

任务一　识读检测标准及样品前处理记录

任务描述

依据《水质　氟化物的测定　茜素磺酸锆目视比色法》（HJ 487—2009），采用茜素磺酸锆目视比色法测定氟。在仔细阅读、理解标准的基础上，准备所需的仪器、试剂，并对样品进行前处理。

任务目标

（1）能从标准中获取工作要素。

（2）会配制所需溶液。

（3）会对样品进行前处理。

（4）会概述目视比色法的原理和方法。

（5）培养自主学习和持续学习的意识。

（6）培养独立思考和解决问题的意识。

（7）具备规则意识和严谨的工作作风。

仪器、试剂

（1）聚乙烯瓶。

（2）亚砷酸钠（5g/L）：称取 0.5g 亚砷酸钠，溶解于少量水中，稀释至 100mL。

知识链接

一、目视比色法测定方法

用眼睛观察和比较试样溶液与标准溶液的颜色深浅，从而确定被测物质含量的方法称为目视比色法。

目视比色法采用具塞比色管，它是一套由同一种玻璃制成的、大小形状完全相同的平底玻璃管，管中有容积标线，通常分为 10mL、20mL、50mL、100mL 数种。

目视比色法最常用的定量方法是标准系列法：取一系列具塞比色管，准确加入不同体积的标准溶液，加入相同的辅助试剂显色后定容至相同体积，即可得到一系列颜色由浅到深的标准色阶，如图 3-1 所示。取相同的比色管加入试液，在相同条件下显色、定容，待颜色稳定后，比较试液与标准色阶的颜色深浅。若试液与某标准溶液颜色相同，表示浓度相等。若试液的颜色深浅介于相邻两个标准溶液之间，其浓度为两者的平均值。

如果需要进行的是"限界分析"，即要求某组分含量应在某浓度以下，那么只需要配制浓度为该限界浓度的标准溶液，并与试液在相同条件下显色后进行比较。若试样颜色比标准溶液浓度深，则说明试样中待测组分含量已经超出允许的限界。

二、目视比色法测定原理

标准溶液和被测溶液的吸光度分别为 A_s 和 A_x，根据朗伯-比尔定律，则有：

$$A_s = k_s b_s c_s$$
$$A_x = k_x b_x c_x$$

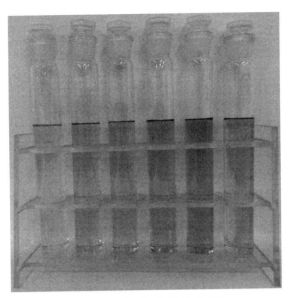

图 3-1　标准系列比色管

将标准溶液和被测溶液在相同条件下进行比较，当溶液颜色深度相同时，$A_s = A_x$；同时由于有色物质和入射光相同，所以 $k_s = k_x$；另外所用比色管也相同，则 $b_s = b_x$；所以 $c_s = c_x$。

三、目视比色法特点

优点：仪器简单、操作方便，适用于大批样品的分析；由于比色管较长，自上而下观察，即使溶液颜色很浅也容易比较出深浅，灵敏度较高；不需要单色光，可直接在白光下进行操作，对浑浊溶液也可以进行分析。

缺点：主观误差大、准确度差，而且标准色阶不易保存，需要定期重新配制，比较费时。

任务实施 ⇢⇢⇢⇢

一、阅读与查找标准

仔细阅读 HJ 487—2009，理解茜素磺酸锆目视比色法测定废水中氟的整个流程，找出该方法的适用范围、检测限、干扰、方法原理、精密度和准确度等内容，并将结果填入表 3-1。

二、试样前处理

（1）测定氟化物的水样，采集和贮存样品均使用聚乙烯瓶。

（2）如果水样中含有残留的氯，可按每 0.1mg 氯加一滴（0.05mL）亚砷酸钠溶液，搅匀除去。水中干扰物质较多，不能直接用比色法测定时，可进行预蒸馏处理。

（3）水蒸气蒸馏法处理试样的方法如下：取 50mL 水样（氟浓度高于 2.5mg/L 时，可分取少量样品，用水稀释到 50mL）于蒸馏瓶中，加 10mL 高氯酸，摇匀，按图 3-2 连接好，开启冷凝管中的回流水。加热平底烧瓶，关闭三通阀当中的阀 B，开启通往空气的阀 A，使其沸腾产生水蒸气。同时加热蒸馏瓶，待蒸馏瓶内溶液温度升到约 130℃时，开启三通阀的阀 B，关闭通往空气的阀 A，开始通入蒸汽，并维持蒸馏瓶温度在 130～140℃，蒸馏速度为 5～6mL/min。待接收瓶中馏出液体积约 200mL 时停止蒸馏，并用水稀释至 200mL，留测定用。

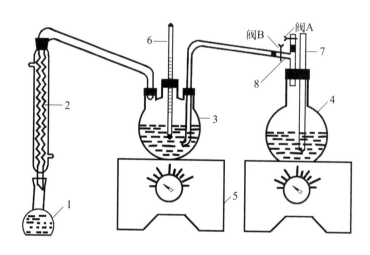

图 3-2　水蒸气蒸馏法装置图

1—接收瓶（200mL 容量瓶）；2—冷凝管（蛇形或球形）；3—蒸馏瓶（250mL 直口三口烧瓶）；

4—2000mL 平底烧瓶（制水蒸气用）；5—可调电炉；6—温度计；7—安全管；8—三通管（排气用）

注意事项

注意做好人身防护，亚砷酸钠剧毒，防止进入口中。

任务实施记录

将结果记录于表 3-1 中。

表 3-1　识读检测标准及样品前处理记录

记录编号			
一、阅读与查找标准			
相关标准			
方法原理			
检测限			
准确度		精密度	
二、标准内容			
适用范围		限值	
定量公式		性状	
三、试样前处理			
操作步骤			
检验人		复核人	

任务评价

填写任务评价表，见表 3-2。

表 3-2　任务评价表

序号	评价指标	评价要素	自评
1	阅读与查找标准	相关标准 方法原理 检测限 准确度 精密度	
2	试样前处理	样品采集 样品保存 样品处理	

思考题

（一）选择题

1. 目视比色法测定氟化物，采集和贮存样品均应使用（　　）。

A. 聚乙烯瓶　　　B. 玻璃瓶　　　C. 棕色玻璃瓶　　　D. 任何容器

2. 目视比色法测定氟化物时，应调节温度，使试样与标准比色系列之间的温差不超过（　　）。

（二）填空题

1. 目视比色法测定水质氟化物标准方法的标准号为（   ）。

2. 目视比色法所依据的原理是（   ）定律。

3. 使用目视比色法时，若试液的颜色深浅介于相邻两个标准溶液之间，其浓度为
（   ）。

（三）简答题

简述目视比色法测定工业废水中氟化物的实验原理。

任务二　测定工业废水中的氟化物

任务描述 ⋯⋗⋯⋗⋯⋗

依据 HJ 487—2009，采用茜素磺酸锆目视比色法测定工业废水中的氟化物。

任务目标 ⋯⋗⋯⋗⋯⋗

（1）会配制所需的溶液。

（2）会填写原始记录表格。

（3）会配制标准色阶及正确比色。

（4）会处理目视比色法的数据。

（5）培养安全意识。

（6）培养实事求是、精益求精的科学精神。

（7）具备严谨、仔细、认真的职业素养。

（8）培养数据溯源的意识。

仪器、试剂 ⋯⋗⋯⋗⋯⋗

（1）50mL 具塞比色管。

（2）氟化钠（标准物质）、氯氧化锆、茜素磺酸钠、盐酸、硫酸、高氯酸、水中氟质控样（标准物质）。

目视比色定量方法有以下两种。

（1）固定标准溶液的浓度，调整标准溶液与被测溶液的液层厚度，使标准溶液与被测溶液颜色深度一样。此时 $A_s = A_x$；由于有色物质相同、入射光相同，则 $k_s = k_x$。所以定量公式为：

$$c_x = \frac{b_x}{b_s} \times c_s \qquad (3\text{-}1)$$

例如杜氏比色计法的原理就是如此。

（2）固定液层厚度，调整标准溶液的浓度，使标准溶液与被测溶液颜色深度一样。此时 $A_s = A_x$；由于有色物质相同、入射光相同，$k_s = k_x$；同时液层厚度相同，则 $b_s = b_x$，所以定量公式为：

$$c_x = c_s \qquad (3\text{-}2)$$

任务实施 ▪▷ ▪▷ ▪▷

一、配制试剂

1. 配制氟化钠溶液（填至表 3-3）

（1）氟化钠标准储备溶液（$\rho_{F^-} = 100.0\mu g/mL$）：取氟化钠标准物质于 105℃烘 2h，于干燥器中冷却后，精确称取 0.2210g，用水溶解，转入 1000mL 容量瓶中，加水稀释至刻度，摇匀。

（2）氟化钠标准使用溶液（$\rho_{F^-} = 10.00\mu g/mL$）：取 10.00mL 氟化钠标准储备溶液于 100mL 容量瓶中，加水稀释至刻度，摇匀。

2. 配制茜素磺酸锆酸性溶液（填至表 3-3）

（1）茜素磺酸锆溶液：称取 0.3g 氯氧化锆（$ZrOCl_2 \cdot 8H_2O$）于 100mL 烧杯中，用 50mL 水溶解后移入 1000mL 容量瓶中。另称取 0.7g 茜素磺酸钠（$C_{14}H_7O_7SNa \cdot H_2O$）溶于 50mL 水中，在不断摇动下，缓慢注入氯氧化锆溶液中。充分摇动后，放置澄清。

（2）混合酸溶液：量取 101mL 盐酸并用水稀释到 400mL，另量取 33.3mL 硫酸，在不断搅拌下，缓慢加入 400mL 水中，冷却后将两酸合并。

（3）茜素磺酸锆酸性溶液：将混合酸倾入盛有茜素磺酸锆溶液的容量瓶中，用水稀释到刻度，摇匀。此溶液在约 2h 后由红变黄即可使用。溶液避光保存，可稳定 6 个月。

3. 配制标准色阶溶液

分别吸取 0.00mL、0.50mL、1.00mL、2.00mL、2.50mL、4.00mL、5.00mL 和 7.50mL 氟化钠标准使用溶液于 50mL 比色管中，加水稀释至刻度，摇匀。分别加 1.0mL 茜素磺酸锆酸性溶液于上述标准溶液中混匀，放置 1h 或在 50℃ 水中显色 20min，冷却至室温即可目视比色。将标准系列氟化物含量分别填入表 3-4 中。

4. 配制质控样

按质控样证书的要求，配制质控样。

 注意事项

（1）茜素磺酸钠配制后与锆盐最好分别保存，使用时再按比例混合，以保持试剂的灵敏度。

（2）水样中有机物含量高时，为避免与高氯酸发生爆炸，可用硫酸代替高氯酸（硫酸与水样的体积比为 1：1）进行蒸馏，控制温度在（145±5）℃。蒸馏水样时，勿使温度超过 180℃，以防硫酸过多地蒸出。

（3）连续蒸馏几个水样时，可待瓶内硫酸溶液温度降低至 120℃ 以下，再加入另一个水样，蒸馏过一个含氟高的水样后，应在蒸馏另一个水样前加入 250mL 纯水，用同法蒸馏，以清除可能存留在蒸馏器中的氟化物。

（4）蒸馏瓶中的硫酸可以多次使用，直至变黑为止。

（5）使用比色管应注意：

① 比色管的几何尺寸和材料（玻璃颜色）要相同，否则将影响比色结果；

② 洗涤比色管时，不能使用重铬酸钾洗液洗涤，若必须使用，应依次使用硫酸-硝酸混合酸、自来水、蒸馏水洗涤为宜。

二、比色

（1）取 50mL 试样或馏出液置于 50mL 比色管中，氟含量高于 2.5mg/L 时，可量取少量试样或馏出液，用水稀释到 50mL。加 1.0mL 茜素磺酸锆酸性溶液于比色管中混匀，放置 1h 或在 50℃ 水中显色 20min，冷却至室温即可与标准系列进行目视比色，将比色测定的结果填入表 3-4 中。

（2）采用相同的方法测定质控样。

（3）空白试验：用 50mL 经预处理后的水样代替样品，采用相同的方法进行空白测定。

📄 **注意事项**

（1）为了提高测定准确度，与样品颜色相近的标准溶液的浓度变化间隔要小一些。

（2）不能在有色灯光下观察溶液颜色，否则会产生误差。

（3）观察溶液颜色时应在比色管下面垫白色背景，并取下比色管的塞子，自上而下垂直观察。

（4）若颜色相近可将比色管从比色管架中取出单独比色。

（5）共存离子影响：样品中有硫酸盐、磷酸盐、铁、锰的存在，会使测定结果偏高；铝可与氟离子形成稳定的配合物 $[(AlF_6)^{3-}]$，使测定结果偏低。

（6）茜素磺酸锆与氟离子在作用过程中颜色的形成受各种因素的影响，因此在分析时，要控制样品、空白和标准系列加入试剂的量，反应温度、放置时间等条件必须一致，试样与标准比色系列之间的温差不超过 $2℃$。

三、结束工作

任务完毕，清洗比色管等玻璃仪器，清理实验工作台。

四、处理数据

根据目视比色结果，按式（3-3）计算水样中氟化物的质量浓度：

$$\rho_{F^-} = \frac{m_{F^-}}{V_1} \tag{3-3}$$

如果试样需经过水蒸气蒸馏法处理，则其中氟化物（F^-）质量浓度按式（3-4）进行计算：

$$\rho_{F^-} = \frac{m_{F^-}}{V_1} \times \frac{200}{V_2} \tag{3-4}$$

式中　ρ_{F^-}——水样中氟化物（F^-）的质量浓度，mg/L；

　　　m_{F^-}——由标准系列给出的氟化物质量，μg；

V_1——比色时取样体积，mL；

V_2——取原水样蒸馏体积，mL。

五、质控判断

将质控样检测结果与质控样证书比较，如果超出其扩展不确定度范围，则本次检测无效，需要重新进行检测；若没超出其扩展不确定度范围，则本次检测有效。

任务实施记录 ···› ···› ···›

填写表 3-3 和表 3-4。

表 3-3 配制试剂

溶液名称	浓度	配制方法
氟化物标准储备溶液	$100.0\mu g/mL$	
氟化物标准使用溶液	$10.00\mu g/mL$	
茜素磺酸锆酸性溶液	—	

表 3-4 工业废水中氟化物的检测记录

记录编号								
样品名称				样品编号				
检验项目				检验日期				
检验依据				判定依据				
温度				相对湿度				
氟化钠标准物质编号								
水中氟质控样编号								
一、标准系列溶液								
V/mL	0.00	0.50	1.00	2.00	2.50	4.00	5.00	7.50
$m_{F^-}/\mu g$								
二、空白								
$m_{F^-}/\mu g$				$\rho_{F^-}/(mg/L)$				
三、质控样								

质控样配制方法：

质控样证书含量：　　　　　　　扩展不确定度：

$m_{F^-}/\mu g$				$\rho_{F^-}/(mg/L)$				

扣除空白后浓度/(mg/L)			
质控样含量			
本次检测		有效□;无效□	
四、样品			
m_{F^-} /μg		ρ_{F^-} /(mg/L)	
扣除空白后浓度/(mg/L)			
检验人		复核人	

任务评价 →→→→

填写任务评价表，见表 3-5。

表 3-5 任务评价表

序号	评价指标	评价要素	自评
1	溶液配制	配制方法 配制操作	
2	样品比色	比色方法 比色结果	
3	结果计算	公式应用 样品浓度计算 计算过程 有效数字	
4	结束工作	比色管清洗 整理实验台	

思考题

(一) 选择题

1. 在目视比色法中，通常的标准系列法是比较（ ）。

A. 入射光的强度　　　　　　　B. 透过溶液的强度

C. 透过溶液后吸收光的强度　　D. 一定厚度溶液的颜色深浅

2. 用茜素磺酸锆目视比色法测定氟化物时，样品中有硫酸盐存在，能使测定结果
（ ）。

A. 偏低　　　　　　　　　　　B. 偏高

C. 无变化　　　　　　　　　　D. 变化不确定

（二）填空题

1. 氟化物的测定中，如果有铝离子存在，铝可与氟离子形成（　　　　），导致测定结果（　　　　）。

2. 用茜素磺酸锆目视比色法测定工业废水中的氟，要控制样品、空白和标准系列（　　　　）、（　　　　）、（　　　　）等条件必须一致。

3. 如果试样中含有余氯，按每毫克余氯加入（　　　　），混匀，将余氯除去。

（三）简答题

1. 目视比色法如何制备标准色阶？如何进行目视比色法操作？

2. 简述目视比色法的特点及适用范围。

项目四
火焰原子吸收光谱法测定
食品中的锌

锌是人体必需的一种微量元素，对人体生长发育等有重要作用。食品中锌的测定方法有称量法、分光光度法、火焰原子吸收光谱法等。本项目依据《食品安全国家标准　食品中锌的测定》（GB 5009.14—2017），采用火焰原子吸收光谱法对饮料、酒等食品中的锌进行检测。

任务一　测定原子吸收分光光度计光谱带宽偏差

任务描述

光谱带宽是原子吸收分光光度计的主要技术指标之一，通过测定光谱带宽偏差，判断仪器是否符合计量要求。

任务目标

（1）会开机前检查。

（2）会在开机前选择、安装所需的光源。

（3）会开机、关机。

（4）会测定光谱带宽偏差。

（5）能复述原子吸收光谱法的特点。

（6）能说出原子吸收光谱法、共振线的概念。

（7）能说出原子吸收分光光度计的基本组成部件。

（8）具备遵守规则的意识和严谨的工作作风。

（9）培养精益求精的工匠精神。

（1）铜空心阴极灯。

（2）原子吸收分光光度计。

（3）原子吸收分光光度计使用说明书。

知识链接 ⋯⋯⋯⋯⋯⋯

一、原子吸收光谱法

原子吸收光谱法是基于被测元素的基态原子对特征辐射的吸收程度进行定量分析的一种仪器分析方法，也叫原子吸收分光光度法（英文缩写为 AAS）。原子吸收光谱法是目前痕量和超痕量元素分析的灵敏且有效的方法之一，广泛地应用于各个领域。

原子吸收光谱法具有以下特点。

（1）检出限低。火焰原子化法可达 mg/L 水平，石墨炉原子化法可达 $10^{-10} \sim 10^{-14}$ g。

（2）精密度高。火焰原子化法 Rsd 可以控制在 $1\% \sim 3\%$，石墨炉原子化法在 $3\% \sim 5\%$。

（3）选择性好。通常共存元素对待测元素干扰少，若实验条件合适一般可以在不分离共存元素的情况下直接测定。

（4）操作方便、快速。在准备工作做好后，一般只需几分钟即可完成一种元素的测定。

（5）应用范围广。原子吸收光谱法可以直接测定 70 多种金属元素，也可以用间接方法测定一些非金属和有机化合物。

（6）局限性。由于分析不同元素时需要使用不同元素灯，因此多元素同时测定尚有困难。有些元素的灵敏度还比较低（如钍、铪、铌、钽等）。对于复杂样品仍需要进行复杂的化学预处理，否则干扰将比较严重。

二、共振线

原子或分子处在其所有可能能级中的最低能级状态称为基态。处于基态的原子称为基态原子。基态原子受到外界能量（如热能、光能等）激发时，其外层电子吸收了一定能量可以跃迁到不同能态，这种能量高于基态的原子和分子状态称为激发态。

原子对辐射的吸收是有选择性的，只有光子能量等于原子两能级能量之差的辐射会被吸收[式(4-1)]。由于不同元素的原子结构不同，因此其吸收的辐射频率也各有其特征，如图4-1所示。

$$\Delta E = E_2 - E_1 = h\nu = \frac{hc}{\lambda} \qquad (4-1)$$

式中，h 为普朗克常数；ν 为频率；c 为光速；λ 为波长；ΔE 为两能级间能量差。

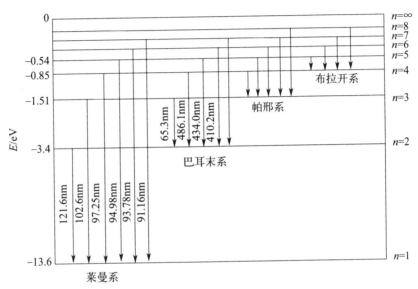

图 4-1　氢原子的能级图

原子中电子在激发态和基态之间直接跃迁产生的谱线称为共振线。能量最低的激发态（第一激发态）和基态间跃迁的谱线称为第一共振线（主共振线）。第一共振线的激发能最低，原子最容易激发到这一能级。因此，第一共振线辐射最强，是元素的最灵敏线。从狭义上讲，所谓共振线实际上仅指第一共振线。

三、原子吸收分光光度计的基本结构

原子吸收分光光度计通常由光源、原子化器、单色器、检测系统四个部分组成，基本构造示意图如图4-2所示。

（一）光源

光源的作用是发射待测元素的特征共振辐射。

对光源的要求有：锐线光源，辐射强度大，背景低，稳定性好，噪声小，使

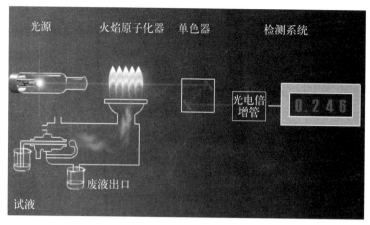

图 4-2　原子吸收分光光度计基本构造示意图

用寿命长。

空心阴极灯、无极放电灯、蒸气放电灯都能满足上述要求,其中应用最广泛的是空心阴极灯。

1. 空心阴极灯结构

空心阴极灯结构如图 4-3 所示,主要包括两部分:由待测元素的金属或合金制成的空心筒状阴极和由钨、钛、钽或其他材料制作(常用钨棒)的阳极。阳极和阴极封闭在带有石英光学窗口的硬质玻璃管内。管内充有几百帕低压惰性气体(氖或氩)。空心阴极灯发光强度与工作电流有关。

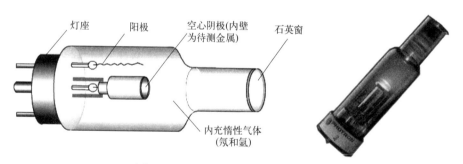

图 4-3　空心阴极灯结构示意图

2. 空心阴极灯发光原理

空心阴极灯的发光是辉光放电。当在两电极施加 300～500V 电压时,空心阴极灯开始辉光放电。阴极发射出的电子在电场的作用下,高速地飞向阳极,并与周围惰性气体碰撞使之电离。所产生的惰性气体的阳离子在电场作用下加速飞向阴极,造成对阴极表面的猛烈轰击,使金属原子被溅射出来。除溅射作用外,阴极受热还会导致阴极表面元素的热蒸发。溅射和蒸发出的金属原子再与电子、正离子、气体原子碰撞而被激发，处于激发态的原子不稳定，很快就会返回基态，发射出相应元素的特征共振辐射。

3. 空心阴极灯使用

（1）空心阴极灯使用前应经过一段预热时间，一般为 $20\sim30$ min。

（2）在点燃灯后应观察发光的颜色，以判断灯的工作是否正常：充氖气的灯正常颜色是橙红色，充氩气的灯是淡紫色。

（3）元素灯长期不用时，最好每隔 $3\sim4$ 个月通电点亮 $2\sim3$ h。

（4）对于低熔点、易挥发元素灯（如 As、Se 等），应避免大电流、长时间连续使用；使用过程中尽量避免较大的震动；使用完毕后必须待灯管冷却后再移动，移动时保持窗口朝上，以防止阴极灯内元素倒出。

（5）空心阴极灯石英窗口切勿损伤或沾污，如有沾污可用酒精棉擦净。

（6）灯标签上标注的灯电流为允许使用的最大工作电流，用户选用的工作电流一般应不超过该灯最大工作电流的 2/3。

（二）原子化器

原子化器在原子吸收分光光度计中是一个关键装置，它的质量对原子吸收光谱法的灵敏度和准确度有很大影响，甚至起到决定性作用，同时也是分析误差的主要来源。

将含有待测元素的化合物转变为原子蒸气称为原子化作用。发生原子化作用的装置称为原子化器或原子化系统。原子化器的功能是提供能量，使试样干燥、蒸发和原子化，它分为火焰原子化器和非火焰原子化器两种。

1. 火焰原子化器

火焰原子化器常用的是预混合型原子化器，由雾化器、预混合室和燃烧器等部分组成。

（1）雾化器。雾化器［如图4-4（a）所示］是关键部件，它的作用是将试液雾化成直径为微米级的气溶胶。目前商品原子化器多数使用气动型雾化器。当具有一定压强的压缩空气作为助燃气高速通过毛细管外壁与喷嘴口构成的环形间隙时，在毛细管出口的尖端处形成一个负压区，于是试液沿毛细管吸入并被快速通入的助燃气分散成小雾滴。喷出的雾滴撞击在距毛细管喷口前端几毫米处的撞击球上，进一步分散成更为细小的细雾。这类雾化器的雾化效率一般为 $10\%\sim30\%$。

（2）预混合室。预混合室的作用是进一步细化雾滴，并使之与燃料气均匀混合后进入火焰。部分未细化的雾滴在预混合室凝结下来成为残液。残液由预混合室排出口流出，为了避免回火爆炸的危险，预混合室的残液排出管必须水封。

（3）燃烧器。燃烧器的作用是使燃气在助燃气的作用下形成火焰，使进入火焰的试样微粒原子化。预混合型原子化器通常采用不锈钢制成长缝型燃烧器[如图4-4(b)所示]，对于乙炔-空气等燃烧速度较低的火焰一般使用缝长100～120mm、缝宽0.5～0.7mm的燃烧器，而对乙炔-氧化亚氮等燃烧速度较快的火焰，一般用缝长50mm、缝宽0.5mm的燃烧器。

除单缝燃烧器外，也有多缝燃烧器，它可增加火焰宽度。

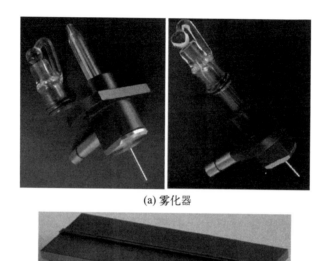

(a) 雾化器

(b) 燃烧器

图 4-4 雾化器和燃烧器

2. 非火焰原子化器

非火焰原子化器也叫无火焰原子化器，其种类有多种，如石墨炉原子化器、氢化物发生原子化器、冷原子化器、激光原子化器等。目前在商品仪器中应用最广的是管式石墨炉原子化器。

管式石墨炉原子化器的结构如图4-5所示。它使用低压（10～25V）、大电流（400～600A）来加热石墨管，可升温至3000℃，使管中少量液体或固体样品蒸发和原子化。石墨管长30～60mm，外径8～9mm，内径4～6mm。管上有直径1～2mm的小孔（有三孔和单孔两种）用于注入试样和通入惰性气体。管两端有可使光束通过的石英窗和连接石墨管的金属电极。

通电后，石墨管迅速发热，使注入的试样蒸发和原子化。石墨炉要不断通入惰性气体，以保护原子化基态原子不再被氧化，并用以清洗和保护石墨管。为使石墨管在每次分析之前能迅速降到室温，从冷却水入口通入20℃的水以冷却石

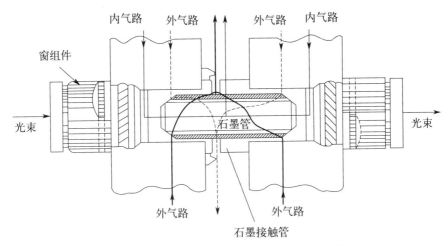

内气路　外气路　　　外气路　内气路

窗组件

光束　　　　　　　　石墨管　　　　　　　　光束

外气路　　　　外气路

石墨接触管

图 4-5　管式石墨炉原子化器示意图

墨炉原子化器。

测定时，一般采取程序升温的方式。先通小电流，在 380K 左右进行试样的干燥，主要目的是除去溶剂和水分；再升温到 400～1800K 进行灰化，以除去基体；然后继续升温到 2300～3300K 进行试样原子化，并记录吸光度；最后升温到 3300K 以上，空烧一段时间将前一实验残留的待测元素挥发掉，以减小对下次实验产生的记忆效应，这一过程称为高温除残。

石墨炉原子化器的优点是原子化效率高，在可调的高温下试样利用率达 100%，气相中基态原子浓度比火焰原子化器高数百倍，因而灵敏度高，特别适用于低含量样品分析，试样用量少，能直接分析液体和固体样品，也适用于难熔元素的测定。不足之处是：试样组成不均匀性的影响较大，测定精密度、准确度均不如火焰原子化器；共存化合物的干扰比火焰原子化器大，背景干扰比较严重，一般都需要校正背景；设备复杂，费用较高。

（三）单色器

单色器也叫分光系统，作用是将待测元素的分析线和干扰线分开，使检测系统只接收分析线。现在商品仪器的单色器主要由光栅、凹面反射镜、狭缝组成。

通带是指辐射选择器从给定光源中分离出的在某标称波长或频率处的辐射范围。通带曲线的横坐标是波长，纵坐标是辐射强度。

除非另有说明，光谱带宽用通带曲线上高度（光谱强度）的二分之一处的宽度表示。

光谱带宽（W）由光栅线色散率的倒数（D，又称倒线色散率）和出射狭缝宽度（L）所决定，其关系为：

$$W = DL \tag{4-2}$$

因为每台仪器的光栅是固定的，故光谱带宽仅与仪器的狭缝宽度有关。狭缝宽度越小，则光谱带宽越小，单色光也就越纯，但强度就越小。

（四）检测系统

检测系统由光电转换器、放大器、对数转换器和显示装置等组成。它的作用是把单色器分出的光信号转换为电信号，经放大器放大后，以透射比或吸光度的形式显示出来。

任务实施 ⇢⇢⇢

一、开机前检查

（1）环境检查：阅读仪器说明书，检查实验室环境条件是否符合要求。

（2）连接检查：检查仪器部件和气路是否连接正确，确定主机和空压机电源处于关断位置。

（3）水封检查：检查仪器的水封是否正常。新仪器或长久不使用的仪器，水封装置将由于无水而失去水封能力，故需要加水到水槽"2"。水将从小孔"1"流入，直到水从管子流出为止，如图4-6所示。

（4）将结果填入表4-1。

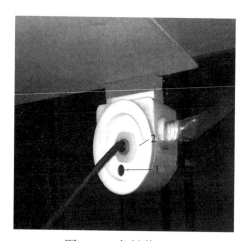

图 4-6　水封装置一

1—加水小孔；2—水槽

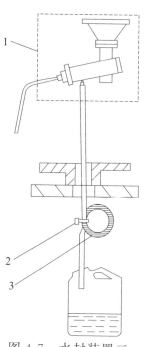

图 4-7　水封装置二

1—火焰原子化器；2—捆扎带；3—水封圈

（1）水封装置是原子吸收分光光度计的一个小部件，其作用是既能排废液又可防止火焰回火。过去的仪器通常采用将预混合室的废液排出管的导管弯曲或将导管插入水中等水封方式（如图4-7所示）。现在通常采用专门的水封瓶和液位传感器，需要按照仪器说明书要求完成水封。

（2）配有专门的水封瓶和液位传感器的原子吸收分光光度计，注意不要让废液管打结，管子末端不能伸入液面以下，防止排废液不畅。

二、安装空心阴极灯

打开灯源室门，从灯架上取出一只灯电源插座。将铜空心阴极灯从盒中取出，将灯引脚对准灯电源插座适配插入，然后重新插入灯架安装孔内，记下灯架安装孔的编号，填至表4-1中，旋紧固定螺钉，关闭灯源室门。

空心阴极灯的安装

（1）灯电源插座通常已经安装了其他元素的空心阴极灯，取出的时候要小心。

（2）禁止接触元素灯石英窗口，元素灯引脚的凸起与灯电源插座的凹槽要对齐（见图4-8）。

图4-8　灯与灯电源插座连接示意图

1—灯引脚的凸起；2—灯电源插座的凹槽

三、开机

（1）开排气罩。

（2）通电源：打开计算机，接通主机电源。

（3）打开工作站：启动原子吸收分光光度计工作站（即控制软件"AAWin"）。

（4）设置工作灯：设置安装铜空心阴极灯的灯电源插座编号为"铜"，并设置工作灯为"铜灯"。

（5）设置光谱带宽：设置为 0.2nm，其余采用默认值。

（6）设置分析线：选定铜灯的共振线波长 324.7nm，进行寻峰操作，让仪器自动进行波长定位，如图 4-9 所示。若理论值（324.7nm）的能量过低，可设置特征谱线为实际值（在寻峰结束后，系统自动标记的能量最大点的波长），单击"寻峰"按钮重新寻峰。

（7）预热：完成寻峰操作后，预热 30min。

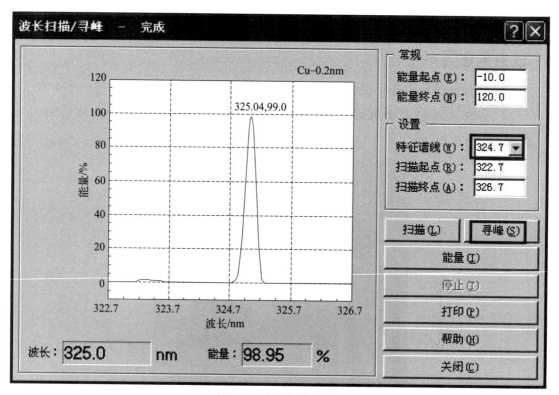

图 4-9　寻峰示意图

（1）根据《原子吸收分光光度计》（JJG 694—2009）要求，在光谱带宽0.2nm 下进行光谱带宽偏差检定。

（2）若波长的理论值和实际值偏差过大（如超过±0.3nm），必须首先利用系统提供的波长校正功能对仪器的波长进行校正。

四、光谱扫描

1. 能量调试

待铜灯稳定后，依次选择主菜单的"应用""能量调试"进行操作，调整能量到100%，通常单击"自动能量平衡"按钮即可，见图4-10。

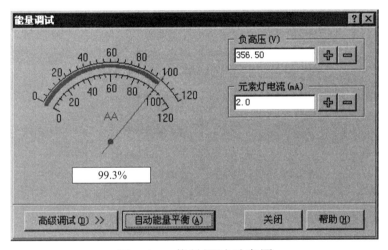

图4-10 能量调试示意图

必要时需要手动进行能量调节：在"负高压"或"元素灯电流"输入框内输入负高压值（0～1000V）或电流值（0～20mA），也可以单击其右侧的"＋""－"按钮进行增减。

2. 谱线扫描

待铜灯稳定后，对铜灯324.7nm 谱线进行扫描。依次选择菜单的"应用""波长扫描/寻峰"，打开波长扫描与寻峰对话框（见图4-9）。

3. 结果保存

根据需要反复修改扫描起点、终点，然后单击"扫描"按钮，放大图形，提高测量精度。测定完成后，对扫描图形截屏进行保存。

五、关机和结束工作

（1）任务完毕，关闭"AAWin"系统，依次关闭主机电源、计算机、排气罩。

（2）关闭电源总开关，清理实验工作台，填写仪器使用记录。

六、数据处理

（1）测量半高宽：对扫描得到的铜灯 324.7nm 谱线的半高宽（$\lambda_2-\lambda_1$）进行测量（见图 4-11）。

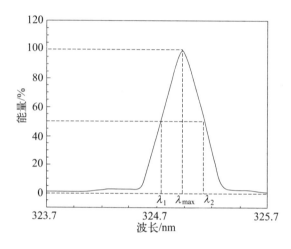

图 4-11　光谱带宽测量示意图

（2）计算光谱带宽偏差，公式如下：

$$光谱带宽偏差 = [(\lambda_2-\lambda_1)-0.2]nm \qquad (4-3)$$

（3）将结果填入表 4-1。

> **注意事项** ·································
>
> 　　《原子吸收分光光度计》（JJG 694—2009）规定，仪器光谱带宽偏差的计量性能合格标准是不超过 ±0.02nm，故建议光谱带宽偏差保留三位小数。

任务实施记录 ·→·→·→·

填写表 4-1。

表 4-1　原子吸收分光光度计光谱带宽偏差检测记录

记录编号				
检验项目		检验日期		
检验依据		判定依据		
温度		相对湿度		

一、开机前检查

仪器要求	温度	10～30℃	相对湿度	＜70％
实验室目前环境	温度		相对湿度	
气路连接	正常□;不正常□	开关均在"关"		正常□;不正常□
旋钮均在"0"	正常□;不正常□	电路连接		正常□;不正常□
水封		正常□;不正常□		

二、安装空心阴极灯

装铜灯灯源插座编号	

三、数据处理

半高宽($\lambda_2-\lambda_1$)	nm	光谱带宽偏差	nm
性能合格标准	不超过±0.02nm	结论	合格□;不合格□
检验人		复核人	

任务评价 ⇢⇢⇢

填写任务评价表，见表4-2。

表 4-2　任务评价表

序号	评价指标	评价要素	自评
1	水封	水封完好	
2	装灯	石英窗光洁 灯引脚与插座适配插入	
3	开机	设置灯位置元素 寻峰 预热	
4	测试	截图图形峰底宽大于波长坐标轴的一半宽度	
5	结束工作	电源关闭、工作台整洁、填写仪器实验记录卡	
6	数据处理	测量、计算正确	
7	学习方法	预习报告书写规范	
8	工作过程	遵守管理规程 操作过程符合现场管理要求	

（一）选择题

1. 原子吸收分光光度计的分光系统主要由（ ）组成。

A. 棱镜＋凹面镜＋狭缝　　　　　　B. 棱镜＋透镜＋狭缝

C. 光栅＋凹面镜＋狭缝　　　　　　D. 光栅＋透镜＋狭缝

2. 原子吸收分光光度计的光源是（ ）。

A. 钨灯　　　　　　　　　　　　　B. 氘灯

C. 空心阴极灯　　　　　　　　　　D. 能斯特灯

3. 原子吸收分光光度计的空心阴极灯的构造为（ ）。

A. 待测元素做阴极，铂丝作阳极，内充低压惰性气体

B. 待测元素做阴极，钨棒作阳极，内充低压惰性气体

C. 待测元素做阳极，钨棒作阴极，内充低压惰性气体

D. 待测元素做阳极，铂网作阴极，内充低压惰性气体

4. 原子吸收分光光度计的检测器是将光信号转变为（ ）的器件。

A. 电信号　　　　　　　　　　　　B. 声信号

C. 热能　　　　　　　　　　　　　D. 机械能

5. 原子吸收分光光度计的原子化系统的作用是将试样中的待测元素转化成（ ）。

A. 激发态分子　　　　　　　　　　B. 激发态原子

C. 分子蒸气　　　　　　　　　　　D. 原子蒸气

6. 预混合型原子化器的组成部件中，不包括（ ）。

A. 雾化器　　　　　　　　　　　　B. 干燥室

C. 预混合室　　　　　　　　　　　D. 燃烧器

（二）填空题

1. 原子吸收分光光度计以前通常采用（ ）水封方式，现在一般采用（ ）。

2. 原子吸收分光光度计应用最广泛的光源是（ ），它的阳极和阴极封闭在带有（ ）的硬质玻璃管内，管内充有几百帕的（ ）。

3. 原子吸收分光光度计通常要求预热（ ）min，使空心阴极灯的发射强度达到稳定。

4. 空心阴极灯的工作电流一般应不超过该灯最大工作电流的（ ）。

5. 原子吸收分光光度计的主要部件有（ ）、（ ）、（ ）、（ ）。

任务二　选择分析条件

任务描述 ⇢⇢⇢⇢⇢

原子吸收光谱分析中，不同的测量条件对测定结果影响很大。通常检测标准或仪器工作站会提供参考条件，为了使测定结果具有更佳的灵敏度、精密度和准确度，需要进行测定条件的选择与优化。

任务目标 ⇢⇢⇢⇢⇢

（1）会通空气和乙炔气点火。

（2）会选择分析条件。

（3）会测定进样量。

（4）能说出乙炔钢瓶使用时的注意事项。

（5）能归纳出原子吸收分光光度计的维护要点。

（6）能概括火焰原子吸收分光光度计分析条件选择方法。

（7）培养精益求精的工匠精神。

（8）培养归纳总结能力。

（9）培养个人安全防护的安全意识。

仪器、试剂 ⇢⇢⇢⇢⇢

1. 仪器

原子吸收分光光度计：配火焰原子化器，附锌空心阴极灯。

2. 试剂

（1）锌标准储备溶液（$\rho_{Zn} = 0.500\text{mg/mL}$）：称取 0.500g 金属锌（$w \geqslant 99.99\%$）溶于 10mL 盐酸中，然后在水浴锅上蒸发至近干，用少量水溶解后移

入 1000mL 容量瓶中，以纯水稀释至刻度，贮于聚乙烯瓶中。

（2）锌标准使用溶液（$\rho_{Zn}=0.100$mg/mL）：吸取 50.00mL 锌标准储备溶液（$\rho_{Zn}=0.500$mg/mL）于 250mL 容量瓶中，以盐酸（0.1mol/L）稀释至刻度。

（3）空白溶液：盐酸（1+11）。

（4）锌标准使用液（$\rho_{Zn}=1.00\mu$g/mL）：吸取 0.500mL 锌标准使用溶液（$\rho_{Zn}=0.100$mg/mL）于 50mL 容量瓶中，以盐酸（1+11）溶液稀释至刻度。

（5）实验室用水：二级水。

知识链接 ⇢ ⇢ ⇢

一、乙炔钢瓶的使用注意事项

（1）凡与乙炔接触的附件（如管路连接），严禁选用含铜量大于 70% 的铜合金，以及银、锌、镉及其合金材料。

（2）移动作业时，应使用专用小车搬运，乙炔钢瓶严禁敲击、碰撞。

（3）瓶阀出口处必须配置专用的减压器和回火防止器，阀门旋开不超过 1.5 圈，乙炔瓶减压阀出口压强不得超过 0.15MPa，放气流量不得超过 $0.05m^3/(h \cdot L)$。如需较大流量时，应使用多只乙炔瓶汇流供气。

（4）乙炔瓶使用时，应防止乙炔瓶受曝晒或受烘烤，与明火的距离不得小于 10m，严禁用 40℃ 以上的热水或其他热源对乙炔瓶进行加热。

（5）乙炔瓶使用时必须直立，应采取措施防止倾倒；开闭乙炔瓶瓶阀的专用扳手，应始终装在阀上；暂时中断使用时，必须关闭乙炔瓶瓶阀。

（6）乙炔瓶内气体严禁用尽，必须留有不低于 0.05MPa 的剩余压强。

（7）每次点火前都应该进行气密性检查。

乙炔钢瓶如图 4-12 所示。

图 4-12 乙炔钢瓶

二、原子吸收分光光度计维护

（1）环境要求：室温 10～35℃，相对湿度 ≤85%，室内保持清洁。

（2）要定期检查气路接头和封口是否存在漏气现象，以便及时解决。

（3）要使用经过除油除水后的空气，要注意空压机的排水及油水分离器的排油排水。夏天最好每天排水。

（4）必须把仪器的地线端子与实验楼的单独地线相连。

（5）注意检查燃烧器缝隙是否清洁、光滑。当发现火焰不整齐，中间出现锯齿状分裂时，说明缝隙内已有杂质堵塞，此时应该进行仔细清理。清理方法是：采用薄木片刮燃烧器缝隙清除沉积物，或取下燃烧器，用洗衣粉溶液刷洗缝隙，然后用水冲洗干净。不能使用金属刮燃烧器缝隙，以免改变缝隙宽度产生回火。

（6）预混合室要定期清洗积垢，尤其喷过浓酸、浓碱液后，要仔细清洗。定期检查废液收集容器的液面，及时倒出过多的废液。

（7）吸液用的聚乙烯管应保持清洁、无油污，并避免弯折。堵塞后，需要取下雾化器，用专用的钢丝疏通，疏通时注意不要伤到撞击球。

三、分析条件选择

通常采用简单比较法来逐个选择单个因素的最佳工作条件，即先将其他因素固定在参考水平上，逐一改变所研究因素的条件，测定某一标准溶液的吸光度，选取吸光度大、稳定性好的条件作为该因素的最佳工作条件。选出某个分析条件的最佳值后，则设置仪器的该条件为此最佳值，进行下一个条件的选择。

1. 分析线的选择

每种元素的基态原子都有若干条吸收线，为了提高测定的灵敏度，一般情况下应选用其中最灵敏线（主共振线）作分析线。但如果测定元素的浓度很高，或为了消除邻近光谱线的干扰等，也可以选用次灵敏线。例如，测定试液中的铷时，其最灵敏的吸收线是 780.02nm，但为了避免钠、钾的干扰，可选用 794.76nm 的次灵敏线作为吸收线。若从稳定性考虑，由于空气-乙炔火焰在短波区域对光的透过性较差且噪声大，若灵敏线处于短波方向，则可以考虑选择波长较长的灵敏线。

适宜的分析线可由以下实验方法确定：首先通过查阅资料或扫描空心阴极灯的发射光谱，了解有几条可供选择的谱线，然后喷入相应的溶液，观察这些谱线的吸收情况，选择吸光度最大的谱线为分析线。表 4-3 列出了常用的各元素分析线，可供使用时参考。

表 4-3　原子吸收光谱法中常用的分析线

元素	λ/nm	元素	λ/nm	元素	λ/nm
Ag	328.1,338.3	Gd	407.9,368.4	Pt	266.0,306.5
Al	309.3,396.2	Ge	265.1,259.3	Rb	780.0,794.8
As	193.7,197.2	Hg	253.7,546.1	Rh	343.5,369.2
Au	242.8,267.6	Ho	405.4,410.4	Ru	349.9,372.8
B	249.7,209.0	In	303.9,325.6	Sb	217.6,206.8
Ba	553.6,455.4	Ir	208.9,266.5	Se	196.0,204.0
Be	234.9	K	766.5,769.9	Si	251.6,250.7
Bi	223.1,222.8	La	550.1,418.7	Sm	429.7,520.1
Ca	422.7,239.9	Li	670.8,323.3	Sn	224.6,286.3
Cd	228.8,326.1	Lu	336.0,356.8	Sr	460.7,407.8
Ce	482.3,520.0	Mg	285.2,202.6	Te	214.3,225.9
Co	240.7,242.5	Mn	279.5,403.1	Ti	364.3,399.0
Cr	357.9,359.4	Mo	313.3,390.3	Tl	276.8,377.6
Cs	852.1,455.5	Na	589.0,330.3	Tm	371.8,410.6
Cu	324.8,327.4	Nd	492.5,463.4	U	358.5,351.5
Dy	404.6,421.2	Ni	232.0,341.5	V	318.4,370.4
Er	400.8,386.3	Os	290.9,305.9	Y	410.2,407.7
Eu	459.4,462.7	Pb	217.0,283.3	Yb	398.8,346.4
Fe	248.3,302.1	Pd	244.8,247.6	Zn	213.9,307.6
Ga	287.4,294.4	Pr	495.1,513.3		

2. 光谱带宽的选择

因为 $W=DL$，对于一台原子吸收分光光度计来说，其单色器中的光栅是不会改变的，即光栅线色散率的倒数 D 是一个常数，所以，选择光谱带宽 W，实际上就是选择狭缝的宽度 L。单色器的狭缝宽度主要是根据待测元素的谱线结构和所选的吸收线附近是否有干扰线来选择的。当吸收线附近无干扰线存在时，放宽狭缝，可以增加光谱带宽。若吸收线附近有干扰线存在，在保证有一定强度的情况下，应适当调窄一些，光谱带宽一般在 0.1～4nm 之间选择。表 4-4 列出了一些元素在测定时常用的光谱带宽。

表 4-4　不同元素所选用的光谱带宽

元素	共振线/nm	带宽/nm	元素	共振线/nm	带宽/nm
火焰原子吸收					
Ag	328.1	1.2	Mn	279.5	0.2
Al	309.3	1.2	Mo	313.3	0.8
As	193.7	0.5	Na	589.0	0.8
Au	242.8	1.2	Pb	283.3	1.2
Be	234.9	0.5	Pd	247.6	0.2
Bi	223.1	0.2	Pt	265.9	0.5
Ca	422.7	1.2	Rb	780.0	1.2
Cd	228.8	1.2	Rh	343.5	0.5
Co	240.7	0.2	Sb	217.6	0.2
Cr	357.9	0.2	Se	196.0	1.2
Cu	324.8	1.2	Si	251.6	0.2
Fe	248.3	0.2	Sn	224.6	0.2
Hg	253.7	0.5	Sr	460.7	0.5
In	303.9	0.5	Te	214.3	0.2
K	766.5	0.8	Ti	365.4	0.2
Li	670.8	0.8	Tl	276.8	0.8
Mg	285.2	1.2	Zn	213.9	0.5
石墨炉原子吸收					
Ag	328.1	0.8	Mn	279.5	0.2
Al	309.3	0.8	Mo	313.3	0.8
As	193.7	0.8	Na	589.0	0.5
Au	242.8	0.8	Pb	283.3	0.8
Be	234.9	1.2	Pd	247.6	0.2
Bi	223.1	0.2	Pt	265.9	0.2
Ca	422.7	1.2	Rb	780.0	1.2
Cd	228.8	0.8	Rh	343.5	0.5
Co	240.7	0.2	Sb	217.6	0.2
Cr	357.9	0.8	Se	196.0	1.2
Cu	324.8	0.8	Si	251.6	0.2
Fe	248.3	0.2	Sn	224.6	0.8
Hg	253.7	0.5	Sr	460.7	0.8
In	303.9	0.8	Te	214.3	0.2
K	766.5	1.2	Ti	365.4	0.5
Li	670.8	0.8	Tl	276.8	0.5
Mg	285.2	0.8	Zn	213.9	0.8

合适的光谱带宽可以通过实验来确定，具体方法是：逐渐改变单色器的光谱

带宽，测定相应的吸光度。不引起吸光度减小的最大光谱带宽即为应选取的光谱带宽。

3. 灯电流的选择

灯电流选择原则是：在保证有足够强且稳定的光强输出条件下，尽量选用较低的工作电流。空心阴极灯上都标明了最大工作电流，对大多数元素，日常分析的工作电流建议采用最大工作电流的 $40\%\sim60\%$；对高熔点的镍、钴、钛等空心阴极灯，工作电流可以调大些；对低熔点易溅射的铋、钾、钠、铯等空心阴极灯，使用时工作电流小些为宜。具体要选用多大电流，一般要通过实验绘出吸光度-灯电流关系曲线图，然后选择有最大吸光度读数且重复性测定符合要求时的最小灯电流。

4. 燃助比的选择

在火焰原子化法中，火焰的温度是影响原子化效率的基本因素。火焰温度主要由火焰种类确定。原子吸收光谱分析中常用的火焰有：空气-乙炔火焰、空气-氢气火焰、氧化亚氮-乙炔火焰等。此外，燃助比（燃气和助燃气比例）对火焰温度也有影响。根据燃助比不同，可以将火焰分为以下三种类型。

（1）中性火焰（又称化学计量火焰）：助燃气与燃气按照它们的化学反应计量关系提供。这类火焰一般温度较高，适用于多数元素的原子化。

（2）富燃火焰：燃助比大于化学计量比的火焰。这类火焰的特点是燃烧不完全，火焰呈黄色，温度略低于化学计量火焰，具有还原性，适用于某些易形成难解离氧化物的元素（如 Al、Cr、Mo 等）的原子化。但是它干扰较多，背景高。

（3）贫燃火焰：燃助比小于化学计量比的火焰。其特点是火焰呈蓝色，氧化性较强，温度较低，适用于易解离、易电离元素，如碱金属。

在进行原子吸收光谱分析时，需要根据待测元素的性质，选择合适的燃助比。一般通过实验来确定最佳燃助比。方法是：配制一标准溶液喷入火焰，在固定助燃气流量的条件下，改变燃气流量，测出吸光度值。吸光度值最大时的燃气流量，即为最佳燃气流量。

5. 燃烧器高度的选择

不同元素在火焰中形成的基态原子的最佳浓度区域高度不同（如图 4-13 所示），因而灵敏度也不同。因此，应选择合适的燃烧器高度，使光束从自由原子浓度最大的火焰区域通过。最佳的燃烧器高度应通过实验选择。其方法是：先固定燃气和助燃气流量，取一固定样品，逐步改变燃烧器高度，调节零点，测定吸光度，绘制燃烧器高度-吸光度曲线图，选择有最大吸光度读数时的燃烧器高度。

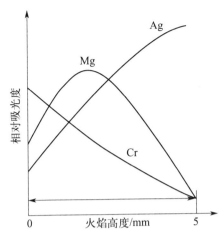

图 4-13　三种元素在不同火焰高度吸收轮廓示意图

6. 进样量的选择

进样量过大，对火焰产生冷却效应。同时，较大雾滴进入火焰，难以完全蒸发，原子化效率下降，灵敏度低。进样量过小，由于进入火焰的溶液太少，吸收信号弱，灵敏度低，不便测量。试样的进样量一般在 $3\sim6mL/min$ 较为适宜。

任务实施　⋯⋯⋯⋯⋯⋯

一、开机预热、点火、设置初始条件

空气压缩机与减压阀的使用

TAS990 火焰原子吸收光谱仪基本操作

1. 开机前检查

根据仪器说明书要求，按表 4-5 逐步检查，若有不正常情况，则需要排除后方可进入后续任务。

表 4-5　开机检查事项

仪器要求	温度		相对湿度	
实验室目前环境	温度		相对湿度	
已装锌空心阴极灯	正常□;不正常□		水封	正常□;不正常□
气路连接	正常□;不正常□		开关均在"关"	正常□;不正常□
旋钮均在"0"	正常□;不正常□		电路连接	正常□;不正常□

2. 开机

安装锌空心阴极灯，然后打开计算机，打开工作站，选择工作灯为锌灯，设置初始测量条件，波长选择213.9nm，仪器进入初始化。等待预热稳定。

3. 燃烧器位置调节

（1）预热完成后，进行"能量调试"操作，调整能量到100%。

（2）通过菜单"仪器""燃烧器参数"，调节光源发出的光线位于燃烧器狭缝的正上方，且与狭缝平行。

4. 通气点火

气密性检查：将乙炔钢瓶的总开关打开，稍等一会（视乙炔管路长短而定），然后关闭总开关，观察乙炔钢瓶的气压表的表针3min，3min内气压表的压降不得多于0.1MPa。

根据仪器说明书要求，按表4-6通气后，选择主菜单"仪器""点火"，即可将火焰点燃。

表 4-6 气体输出要求

仪器要求	空气	_____MPa	乙炔	_____MPa
调节	空气压缩机输出	_____MPa	乙炔钢瓶输出	_____MPa
检漏	空气不漏	正常□;不正常□	乙炔不漏	正常□;不正常□

📎 注意事项

（1）实验前应检查通风是否良好，确保实验中产生的废气能排出室外，检查排出废液的管道水封是否形成。

（2）仪器点火时，先开助燃气，后开燃气；关闭时先关燃气，后关助燃气。

（3）如果在实验过程中突然停电或漏气，应立即关闭燃气，然后将空气压缩机及主机上所有开关和旋钮都恢复至操作前状态。

二、选择分析线

用空白溶液调零，吸喷1.00μg/mL锌标准溶液，通过菜单"仪器""光学系统"，改变分析线，分别在213.9nm和307.6nm下测定吸光度，填至表4-7。

（1）每次测定都应该用空白溶液调零。

（2）确保溶液无颗粒物质，否则会堵塞雾化器进样毛细管，如有颗粒，需要预先过滤。

（3）每次改变分析线都需要先熄火后进行"能量调试"操作，调整能量到100%。

（4）每次熄火前，都需要取出进样毛细管，避免样品雾凝结，堵塞燃烧器狭缝。

三、选择光谱带宽

用空白溶液调零，吸喷 $1.00\mu g/mL$ 锌标准溶液，通过菜单"仪器""光学系统"，依次改变光谱带宽0.1nm、0.2nm、0.4nm、1.0nm、2.0nm，逐一记录相应的光谱带宽和吸光度，填至表4-7。

每次改变光谱带宽都需要进行"能量调试"操作，调整能量到100%。

四、选择空心阴极灯工作电流

用空白溶液调零，吸喷 $1.00\mu g/mL$ 锌标准溶液，通过菜单"仪器""灯电流"，改变灯电流，逐一记录灯电流和相应的吸光度，填至表4-7。

每次改变灯电流都需要进行"能量调试"操作，调整能量到100%。

五、选择燃助比

用空白溶液调零，吸喷 $1.00\mu g/mL$ 锌标准溶液，通过菜单"仪器""燃烧器参数"，改变燃气流量，逐一记录相应的燃气流量和吸光度，填至表4-7。

一般仪器没有空气流量调节选项,故选择燃助比实际上是选择燃气流量。由于空压机输出压强会影响空气流量,因此在燃气流量选择完成后,空压机输出压强不能随意变动。

六、选择燃烧器高度

用空白溶液调零,吸喷 $1.00\mu g/mL$ 锌标准溶液,通过菜单"仪器""燃烧器参数",改变燃烧器高度,逐一记录相应的燃烧器高度和吸光度,填至表 4-7。

七、测定进样量

用 10mL 量筒装 10mL 纯水,在毛细管插入量筒的同时开始计时,1min 后取出毛细管,从量筒上读取进样量,填至表 4-7。

注意事项

若需要拆开雾化器排除堵塞,动作必须缓慢、仔细,避免对雾化器造成损坏!

八、关机和结束工作

(1) 任务完毕,先把进样管放到二次蒸馏水或纯水中吸喷 5min,然后取出进样管,空烧 2min。

(2) 关闭乙炔气瓶总阀,烧掉管内残留气,让火自动熄灭,然后旋松减压阀。

(3) 选择主菜单"文件""退出",关闭 AAWin 系统,关闭计算机。

(4) 关闭主机电源及计算机电源。

(5) 按"放水阀"排水,断开空气压缩机电源,旋松"调压阀"。

(6) 关闭排气罩。

(7) 关闭电源总开关。

(8) 清理实验工作台,填写仪器使用记录。

填写表 4-7。

表 4-7 火焰原子吸收分析条件选择原始记录

记录编号			
样品名称		样品编号	
检验项目		检验日期	
温度		相对湿度	

仪器条件:光谱带宽_____nm
灯电流_____mA   燃烧器高度_____mm
空气压强_____   乙炔流量_____

一、选择分析线		
λ/nm		
A		
最佳分析线/nm		

二、选择光谱带宽				
光谱带宽/nm				
A				
最佳光谱带宽/nm				

三、选择空心阴极灯工作电流				
灯电流/mA				
A				
最佳灯电流/mA				

四、选择燃助比				
燃气流量/(mL/min)				
A				
最佳燃气流量/(mL/min)				

五、选择燃烧器高度							
燃烧器高度/mm	5.4	5.6	5.8	6.0	6.2	6.4	6.6
A							
最佳燃烧器高度/mm							

六、测定进样量		
进样量/(mL/min)		
检验人		复核人

填写任务评价表，见表4-8。

表 4-8 任务评价表

序号	评价指标	评价要素	自评
1	溶液准备	吸取储备液体积定容	
2	吸光度测定	改变条件后是否调零 吸喷溶液时溶液是否静止	
3	旋转雾化器	操作是否缓慢	
4	结果处理	各最佳条件选择正确	
5	结束工作	燃烧器清洗 关气顺序 电源关闭 填写仪器实验记录卡	

思考题

(一) 选择题

1. 原子吸收分光光度计乙炔气用的减压阀应是（   ）。

A. 铜质减压阀　　　　　　　　　B. 银质减压阀

C. 锌质减压阀　　　　　　　　　D. 铁质减压阀

2. 火焰原子吸收光谱法的吸收条件选择包括：分析线的选择、（   ）的选择、火焰燃助比和燃烧器高度的选择、光谱带宽的选择及进样量的选择。

A. 空心阴极灯的光谱线　　　　　B. 空心阴极灯电流

C. 空心阴极灯的充填惰性气体　　D. 空心阴极灯的供电方式

3. 原子吸收光谱法中，如果试样的浓度较高，为保持工作曲线的线性范围一般可选择（   ）作分析线。

A. 共振吸收线　　　　　　　　　B. 共振发射线

C. 次灵敏线　　　　　　　　　　D. 发射最灵敏线

4. 下列对于火焰类型的叙述，不正确的是（   ）。

A. 火焰的类型包括贫燃火焰、化学计量火焰和富燃火焰

B. 调节燃助比，火焰性质类型即可确定

C. 燃助比 1∶4，是化学计量火焰

D. 燃助比 1∶5，是富燃火焰

5. 原子吸收光谱法中，元素灯电流一般选择为额定电流的（　　　）进行分析。

A. 100%

B. 80%～100%

C. 40%～60%

D. 10%～30%

（二）填空题

1. TAS-990 型原子吸收分光光度计点火时需要调节空气压缩机出口压强为（　　　）MPa，乙炔出口压强为（　　　）MPa。

2. 乙炔瓶减压阀出口压强不得超过（　　　）MPa；乙炔瓶内气体严禁用尽，必须留有不低于（　　　）MPa 的剩余压强。

3. 在条件优选时可以进行单个因素的选择，即先将其他因素固定在参考水平上，逐一改变（　　　　　　　）的条件，测定某一标准溶液的吸光度，选取（　　　）、（　　　）的条件作为该因素的最佳工作条件。

4. 每种元素的基态原子都有若干条吸收线，一般情况下应选用其中（　　　）作分析线。

5. 选择光谱带宽，实际上就是选择（　　　　　　）的宽度。

6. 日常分析的工作电流建议采用最大工作电流的（　　　　　　）。

7. 富燃火焰是指燃助比（　　　）于化学计量的火焰。

8. 试样的进样量一般在（　　　　　）mL/min 较为适宜。

9. 原子吸收分光光度计在每次分析工作后，都应用纯水吸喷（　　　　）min 进行清洗。

10. 仪器点火时，先开（　　　　　　），后开（　　　　　）；关闭时先关（　　　　　），后关（　　　　　）。

（三）简答题

1. 简述原子吸收分光光度计开机前需要检查的项目。

2. 简述燃助比的选择方法。

任务三　识读检测标准及样品前处理

任务描述 ➞➞➞➞

依据《食品安全国家标准　食品中锌的测定》（GB 5009.14—2017），采用火焰原子吸收光谱法对饮料、酒等液体样品中的锌进行检测，在仔细阅读、理解标准的基础上，准备所需的仪器、试剂，并对样品进行前处理。

任务目标 ⇢⇢⇢⇢

（1）会查找方法检出限、精密度。

（2）会配制所需溶液。

（3）会对样品进行前处理。

（4）能说出原子吸收光谱法分析使用纯水的级别。

（5）培养个人安全防护的安全意识。

（6）培养环保意识。

（7）具备不断学习的职业态度。

仪器、试剂 ⇢⇢⇢⇢

1. 仪器

（1）可调式电热板。

（2）电子天平：0.1mg。

2. 试剂

（1）氧化锌：标准物质，或经国家认证并授予标准物质证书的一定浓度的锌标准溶液。

（2）硝酸：优级纯。

（3）高氯酸：优级纯。

（4）液体样品：饮料或酒。

（5）实验室用水：二级水。

注：所有玻璃器皿均需用硝酸（1+5）溶液浸泡过夜，用自来水反复冲洗，最后用纯水冲洗干净。

知识链接 ⇢⇢⇢⇢

一、规范性引用文件

在我国标准的结构中，通常有"规范性引用文件"这个要素。它列出标准中规范性引用其他文件的文件清单，这些文件经过标准条文引用后，成为标准应用时必不可少的文件。对某一标准来说，凡是注日期的引用文件，其随后所有的修改单（不包括勘误的内容）或修订版本均不适用于该标准；凡是不注日期的引用文件，其最新版本（包括所有的修改单）适用于该标准。

二、成系列的标准

在我国的标准中，有些成系列的标准如 GB（/T）5009.×、GB（/T）5750.×、GB（/T）30000.×等，通常前面几个标准是对该系列标准的通用性要求（如仪器、试剂、采样、浓度表示方法等），在使用系列标准中某一个标准时，应满足该系列标准的通用性要求。

三、分析实验室用水规格

分析实验室用水共分三个级别：一级水、二级水和三级水，见表4-9。

1. 一级水

一级水用于有严格要求的分析试验，包括对颗粒有要求的试验，如高效液相色谱分析用水。一级水可用二级水经过石英设备蒸馏或离子交换混合床处理后，再经 $0.2\mu m$ 微孔滤膜过滤来制取。

2. 二级水

二级水用于无机痕量分析等试验，如原子吸收光谱分析用水。二级水可用多次蒸馏或离子交换等方法制取。

3. 三级水

三级水用于一般化学分析试验，可用蒸馏或离子交换等方法制取。

表 4-9　分析实验室用水规格

名称	一级	二级	三级
pH 值范围(25℃)	—	—	5.0～7.5
电导率(25℃)/(mS/m)	≤0.01	≤0.10	≤0.50
可氧化物含量(以 O 计)/(mg/L)	—	≤0.08	≤0.4
吸光度(254nm,1cm 光程)	≤0.001	≤0.01	—
蒸发残渣(105℃±2℃)含量/(mg/L)	—	≤1.0	≤2.0
可溶性硅含量(以 SiO_2 计)/(mg/L)	≤0.01	≤0.02	—

注：1. 由于在一级水、二级水的纯度下,难以测定其真实的 pH 值,因此,对一级水、二级水的 pH 值范围不作规定。

2. 由于在一级水的纯度下,难以测定可氧化物质和蒸发残渣,因此对其限量不作规定。可用其他条件和制备方法来保证一级水的质量。

一、阅读与查找标准

仔细阅读 GB 5009.14—2017，理解火焰原子吸收光谱法测定锌的整个流程，找出方法的适用范围、相关标准、方法原理、精密度、检出限、定量限等内容，将结果填入表 4-10。

二、配制试剂

（1）硝酸（1+1）溶液：量取 250mL 硝酸，缓慢加入 250mL 水中，混匀。

（2）锌标准储备液（1000mg/L）：准确称取 1.2447g（精确至 0.0001g）氧化锌，加少量硝酸（1+1）溶液，加热溶解，冷却后移入 1000mL 容量瓶，加水至刻度，混匀。

三、试样前处理-湿法消解

准确移取液体试样 0.500～5.00mL 于锥形瓶中，加入 10mL 硝酸、0.5mL 高氯酸，在可调式电热板上消解（参考条件：120℃/0.5～1h、升至 180℃/2～4h、升至 200～220℃）。若消化液呈棕褐色，再加少量硝酸，消解至冒白烟，消化液呈无色透明或略带黄色，冷却后用水定容至 50mL，混匀备用。平行 2 次，同时做试样空白试验，得到试样空白溶液。亦可采用消化管，于可调式电热炉上，按上述操作方法进行湿法消解。将数据填入表 4-10。

注意事项 ············

注意做好人身防护。

（1）佩戴防酸型防毒口罩。

（2）戴化学防溅眼镜。

（3）戴橡胶手套，穿防酸工作服和胶鞋。

（4）工作场所应设安全淋浴和眼睛冲洗器具。

（5）在通风橱中进行操作。

填写表 4-10。

表 4-10　识读检测标准及样品前处理记录

记录编号			
一、阅读与查找标准			
相关标准			
方法原理			
精密度			
检出限		定量限	
二、锌标准储备液			
氧化锌标准物质编号：			
m/g		$V_{定容}/mL$	
$\rho_{Zn}/(g/L)$			
三、试样前处理			
序号	1		2
V_x/mL			
定容/mL			
检验人		复核人	

填写任务评价表，见表 4-11。

表 4-11　任务评价表

序号	评价指标	评价要素	自评
1	阅读与查找标准	相关标准 方法原理 精密度 检出限 定量限	
2	试样前处理	吸量管操作是否规范 消化液是否透明 容量瓶操作是否规范 定容是否正确	

（一）选择题

1. 实验室三级水的制备一般采用（　　）。

A. 多次蒸馏、离子交换法

B. 多次蒸馏、二级水再经过石英设备蒸馏

C. 蒸馏法、离子交换法

D. 蒸馏法、二级水再经过石英设备蒸馏过滤

2. 采用蒸馏法和离子交换法制备得到的分析用水，适用于（　　）工作，属于三级水。

A. 一般化学分析 　　　　　　　　　　B. 无机痕量分析

C. 原子吸收分析 　　　　　　　　　　D. 高效液相色谱分析

3. 火焰原子吸收光谱法一般使用的纯水是（　　）。

A. 一级水 　　　　　　　　　　　　　B. 二级水

C. 三级水 　　　　　　　　　　　　　D. 一级水、二级水和三级水

（二）填空题

1.《食品安全国家标准　食品中锌的测定》（GB 5009.14—2017）适用于（　　）的测定。

2.《食品安全国家标准　食品中锌的测定》中原子吸收光谱法的检出限是（　　）。

3.《食品安全国家标准　食品中锌的测定》中原子吸收光谱法的精密度是（　　）。

4. 原子吸收光谱法要求实验室用水应符合 GB/T 6682 中（　　）级水规格。

（三）简答题

1. 简述火焰原子吸收光谱法测定食品中锌的实验原理。

2. 试推导《食品安全国家标准　食品中锌的测定》（GB 5009.14—2017）中采用火焰原子吸收光谱法测定饮料、酒等液体样品中锌的计算公式。

任务四　测定食品中的锌

任务描述 ⇢⇢⇢

饮料、酒等液体样品采用湿法消解后，依据《食品安全国家标准　食品中锌

的测定》（GB 5009.14—2017）中火焰原子吸收光谱法，使用标准曲线法对锌进行定量分析。

任务目标 ··→··→··→

（1）会填写原始记录表格。

（2）会配制所需的溶液。

（3）会使用质控样进行实验室质量控制。

（4）会数据处理。

（5）能阐明原子吸收吸光度值与待测元素浓度的定量关系。

（6）会概括标准曲线法的适用范围。

（7）会归纳标准曲线法的注意事项。

（8）培养安全意识。

（9）培养实事求是、精益求精的科学精神。

（10）具备数据溯源的意识。

仪器、试剂 ··→··→··→

1. 仪器

原子吸收光谱仪：配火焰原子化器，附锌空心阴极灯。

2. 试剂

（1）锌标准储备液（1000mg/L）。

（2）锌质控样：标准样品。

（3）硝酸：优级纯。

（4）液体样品、试样空白溶液：已消解定容为 50mL。

（5）实验室用水：二级水。

注：所有玻璃器皿均需硝酸（1+5）溶液浸泡过夜，用自来水反复冲洗，最后用纯水冲洗干净。

知识链接 ··→··→··→

一、定量分析

1. 原子吸收吸光度值与待测元素浓度的定量关系

从光源辐射出待测元素的特征波长的电磁辐射，通过火焰或电热等原子化系统产生样品蒸气时，会被蒸气中待测元素的基态原子吸收，在一定试验条件下，吸光度值与试样中待测元素的浓度关系符合光吸收定律：

$$A = Kbc \qquad (4\text{-}4)$$

原子吸收光谱法中光路长度 b 通常不变，因此式（4-4）可写为：

$$A = K'c \qquad (4\text{-}5)$$

式中，K' 为与实验条件有关的常数。

式（4-4）、式（4-5）是原子吸收光谱法定量分析的依据。

2. 定量方法

原子吸收光谱法通常采用标准曲线法和标准加入法进行定量，但无论采用何种方法，绘制质量浓度和吸光度的关系曲线必须与试样溶液的测定同时进行。

二、标准曲线法

标准曲线法是最常用的方法，适用于组成简单、无基体干扰下的样品分析。

其方法是：按产品标准的规定，制备试剂空白溶液及 $4 \sim 5$ 个质量浓度成比例的标准溶液，在规定仪器条件下，用试剂空白溶液调零，分别测定其吸光度。以标准溶液质量浓度（或被测元素的质量）为横坐标，相应的吸光度为纵坐标，绘制工作曲线。同时配制适当浓度的试样溶液，在上述条件下，测定吸光度值，根据所测吸光度值，在工作曲线上查出试样溶液中待测元素的质量浓度（见图 4-14）。待测元素的质量浓度也可根据测定的吸光度用回归方程法计算。

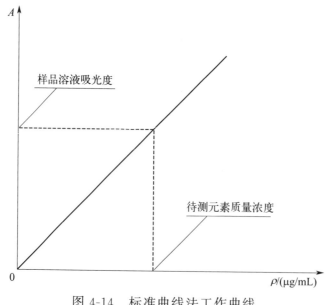

图 4-14　标准曲线法工作曲线

确定试样溶液中待测元素的质量浓度之后，按照分析方法的规定，可计算出原试样中该元素的含量。

为了保证测定的准确度，测定时应注意以下几点：

（1）尽量消除试样溶液中的干扰。

（2）标准溶液与试样溶液的基体（指溶液中除待测组分外的其他成分的总体）尽可能保持一致，以消除基体干扰（基体干扰是指试样中与待测元素共存的一种或多种组分所引起的干扰）。

（3）在测量过程中要吸喷纯水或空白溶液来校正零点漂移。

（4）由于燃气和助燃气流量变化会引起标准曲线斜率变化，因此每次分析都应重新绘制标准曲线。

（5）为了减少光度测定的误差，吸光度读数一般选在 0.1～0.6 之间。

（6）待测元素的质量浓度应在标准曲线线性范围内，并尽量位于标准曲线的中部。

任务实施

一、配制试剂

（1）硝酸（5＋95）溶液：量取 50mL 硝酸，缓慢加入 950mL 水中，混匀。

（2）锌标准中间液（10.0mg/L）：吸取锌标准储备液（1000mg/L）1.00mL 于 100mL 容量瓶中，加硝酸（5＋95）溶液至刻度，混匀。

（3）锌标准系列溶液：分别准确吸取锌标准中间液 0mL、1.00mL、2.00mL、4.00mL、8.00mL 和 10.0mL 于 100mL 容量瓶中，加硝酸（5＋95）溶液至刻度，混匀。

（4）锌质控样：按质控样证书的要求，配制质控样溶液和质控样空白溶液。

注意事项

可根据仪器的灵敏度及样品中锌的实际含量确定标准系列溶液中锌元素的质量浓度。

二、测定数据

1. 仪器条件

根据各自仪器性能调至最佳状态。

2. 标准系列测定

用硝酸（5＋95）溶液调零，将锌标准系列溶液按质量浓度由低到高的顺序分别导入火焰原子化器，原子化后测其吸光度值。

3. 质控样测定

在与测定标准溶液相同的实验条件下，将质控样空白溶液和质控样溶液分别导入火焰原子化器，原子化后测其吸光度值。

4. 试样测定

在与测定标准溶液相同的实验条件下，将试样空白溶液和试样溶液分别导入火焰原子化器，原子化后测其吸光度值。

5. 关机

按关机要求正确关机。

三、处理数据

1. 标准曲线的制作

以质量浓度为横坐标，吸光度值为纵坐标，制作标准曲线，也可以采用一元线性回归法处理。

2. 质控样含量计算

根据质控样空白溶液和质控样溶液的吸光度，从标准曲线（或回归方程）上得出相应的质量浓度，计算质控样含量，并按质控样证书要求表示结果。

3. 试样含量计算

根据试样空白溶液和试样溶液的吸光度，从标准曲线（或回归方程）上得出相应的质量浓度，计算试样含量，并按 GB 5009.14—2017 的要求表示最终结果。

四、质控判断

将质控样检测结果与质控样证书比较，如果超出其扩展不确定度范围，则本次检测无效，需要重新进行检测，若没超出其扩展不确定度范围，则本次检测有效。

任务实施记录 ⇢⇢⇢

填写表 4-12。

表 4-12 食品中锌的检测记录

记录编号			
样品名称		样品编号	
检验项目		检验日期	
检验依据		判定依据	
温度		相对湿度	

锌质控样标准样品编号：

仪器条件：光谱带宽_____ nm
灯电流_____ mA　　　　　燃烧器高度_____ mm
空气压强_____　　　　　乙炔流量_____

一、锌标准中间液

$V_{锌储}/mL$		$V_{定容}/mL$	
$\rho_s/(mg/L)$			

二、标准系列溶液

V/mL					
$\rho/(mg/L)$					
A					
回归方程			相关系数		

三、质控样

质控样配制方法：
质控样证书含量：　　　　　扩展不确定度：

A_{s0}		$\rho_{s0}/(mg/L)$	
A_s		$\rho_s/(mg/L)$	
质控样含量			
本次检测		有效□；无效□	

四、样品

序号	1	2	3
V_x/mL			
A_{x0}			
$\rho_{x0}/(mg/L)$			
A_x			
$\rho_x/(mg/L)$			
$\rho_{x原}/(mg/L)$			
$\overline{\rho}_{x原}/(mg/L)$			
检验人		复核人	

任务评价 ···→···→···→···→

填写任务评价表，见表4-13。

表 4-13　任务评价表

序号	评价指标	评价要素	自评
1	溶液配制	配制方法 配制操作	
2	通气、点火	检查水封 检查漏气 气体压强设定	
3	数据测量	条件设置 测量顺序 校零检查	
4	结束工作	燃烧器清洗 关气顺序 电源关闭 填写仪器实验记录卡	
5	数据处理	计算过程 计算结果 有效数字	

思考题

（一）选择题

1. 原子吸收分析的定量依据是（　　）。

A. 普朗克定律　　　　　　　　　　B. 玻尔兹曼定律

C. 多普勒变宽　　　　　　　　　　D. 朗伯-比尔定律

2. 原子吸收光谱法中，用标准曲线法绘制标准曲线至少需要（　　）个成比例的标准溶液（不包含试剂空白溶液）。

A. 3　　　　　　　B. 4　　　　　　　C. 5　　　　　　　D. 6

3. 原子吸收光谱法检测样品时，要求标准曲线（　　）重新绘制。

A. 3 周　　　　　　B. 2 周　　　　　　C. 1 周　　　　　　D. 每次

（二）填空题

1. 通常用（　　　　　　　　）做质控样。

2. 原子吸收分光光度计测定标准系列的吸光度时，通常按浓度（　　　　）的顺序依次测定。

3. 在原子吸收光谱分析法中，要求标准溶液和试液的组成尽可能相似，且在整个分析过程中操作条件应保持不变的分析方法是（　　　　）。

4. 在原子吸收光谱分析法中，标准曲线法适用于（　　　　　　　　）。

（三）简答题

在使用强腐蚀性酸、碱时，常用的人身防护措施有哪些？

项目五
火焰原子吸收光谱法测定
无水乙酸钠中的镁

无水乙酸钠是白色粉末，有吸湿性，易溶于水，溶于乙醇。可用作缓冲剂及化学试剂，用于有机合成、肉类防腐、颜料制造、鞣革工艺等许多方面。

无水乙酸钠有 10 余个检测指标，镁是其中之一。检测方法是火焰原子吸收光谱法，定量方法采用标准加入法。

任务一 识读检测标准及样品前处理

任务描述 ⇢⇢⇢

依据《化学试剂 无水乙酸钠》（GB/T 694—2015），采用火焰原子吸收光谱法对无水乙酸钠中的镁进行检测，在仔细阅读、理解标准的基础上，准备所需的仪器、试剂，并对样品进行前处理。

任务目标 ⇢⇢⇢

（1）会查找方法检出限、精密度。

（2）会配制所需溶液。

（3）会对样品进行前处理。

（4）会概括标准加入法的适用范围。

（5）会归纳标准加入法的注意事项。

（6）培养自主学习和持续学习的意识。

（7）培养独立思考和解决问题的意识。

（8）具备规则意识和严谨的工作作风。

1. 仪器

（1）原子吸收光谱仪：配火焰原子化器，附镁空心阴极灯。

（2）电子天平：0.1mg。

2. 试剂

（1）氧化镁：标准物质。

（2）盐酸：优级纯。

（3）乙酸钠样品。

（4）实验室用水：二级水。

知识链接 ⇢⇢⇢⇢⇢⇢⇢⇢⇢

当试样中共存物不明或基体复杂而又无法配制与试样组成相匹配的标准溶液时，使用标准加入法进行分析是合适的。

其方法是：按有关标准的规定，在仪器可能的条件下，分别吸取等量的待测试样溶液四份以上于同规格容量瓶中，第一份不加标准溶液，其他几份分别加入浓度成比例的标准溶液，加入其他辅助试剂后定容，通常质量浓度分别为 ρ_x、$\rho_x+\rho_0$、$\rho_x+2\rho_0$、$\rho_x+3\rho_0$……。在规定仪器条件下，用试剂空白溶液调零，依次测定其吸光度值。以加入标准溶液定容后的质量浓度为横坐标，相应吸光度为纵坐标，绘制曲线，将曲线反向延长与横轴相交，交点即为定容后待测元素的质量浓度（如图 5-1 所示）。待测元素的质量浓度也可根据测定的吸光度用回归方程法计算。

确定试样溶液中待测元素的质量浓度之后，按照分析方法的规定，计算出样品中该元素的含量。

使用标准加入法的注意事项如下。

（1）加入标准溶液的量不能使待测元素的总量落入标准曲线的非线性范围。

（2）至少应采用四点（包括试样溶液本身）来绘制外推曲线，同时首次加入的标准溶液应和试样溶液浓度大致相同，即 $\rho_0 \approx \rho_x$，但不得低于该元素检出限的 20 倍（在试样溶液浓度很低时尤其需要注意）。

（3）标准加入法可以消除部分基体效应带来的影响，并在一定程度上消除了化学干扰和电离干扰，但不能消除背景干扰。因此只有在扣除背景之后，才能得

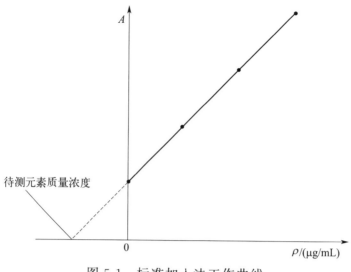

图 5-1　标准加入法工作曲线

到待测元素的真实含量，否则将使测量结果偏高。

（4）标准加入法不能校正存在相对系统误差的基体，即试样的基体效应不得随被测元素与干扰组分含量的比值改变而改变。

任务实施 ⤙⤙⤙

一、阅读与查找标准

仔细阅读《化学试剂　无水乙酸钠》（GB/T 694—2015），理解火焰原子吸收光谱法测定镁的整个流程，找出方法的适用范围、相关标准、方法原理、精密度、检出限、定量限等内容，将结果填入表 5-1。

📨 注意事项

（1）GB/T 694—2015 未列出详细的镁元素检测方法，需根据标准中的提示查找相关的标准找出检测方法。

（2）若所用检测标准缺少必要信息，可查阅类似检测标准得到。如 GB/T 694—2015 查不到火焰原子吸收光谱法测定镁的检出限等信息，可通过查阅《水质　钙和镁的测定　原子吸收分光光度法》（GB 11905—1989）得到。

二、配制试剂

（1）盐酸溶液（20％）：量取 504mL 盐酸，稀释至 1000mL，混匀。

（2）镁标准储备液（0.100mg/mL）：称取 0.166g 于 800℃±50℃ 灼烧至恒重的氧化镁标准物质，溶于 2.5mL 盐酸及少量水中，移入 1000mL 容量瓶中，稀释至刻度，保存于聚乙烯瓶中。

✈ **注意事项**

1. 制备仪器分析标准储备溶液的主要依据

（1）检测标准：若试样的检测标准有具体的制备方法，则优先采用该方法制备。

（2）参考标准：若试样的检测标准没有具体的制备方法，则优先参考 GB/T 602 制备。

2. 采用有证标准物质制备标准储备溶液

为了保证量值准确和量值溯源，建议采用有证标准物质制备标准储备溶液。

三、试样前处理

（1）称取 10g 样品，溶于水，加 8mL 盐酸溶液（20％），稀释至 100mL，将结果填入表 5-1。

（2）空白溶液的配制：按同一操作方法配制试样空白溶液。

任务实施记录 ➡➡➡

填写表 5-1。

表 5-1　识读检测标准及样品前处理记录

记录编号			
一、阅读与查找标准			
相关标准			
方法原理			
精密度		检出限	
氧化镁标准物质编号：			

二、镁标准储备液

氧化镁标准物质编号：

m/g		$V_{定容}/mL$	
$\rho_{Mg}/(g/L)$			

三、试样前处理

m_x/g		定容/mL	
检验人		复核人	

任务评价 ⇢ ⇢ ⇢ ⇢

填写任务评价表，见表 5-2。

表 5-2　任务评价表

序号	评价指标	评价要素	自评
1	阅读与查找标准	相关标准 方法原理 精密度 检出限 定量限	
2	试样前处理	称量操作规范 容量瓶操作规范 定容正确	

思考题

（一）选择题

1. 无水乙酸钠（化学纯）中镁的质量分数不大于（　　　）。

A. 0.005%　　　　　B. 0.0005%　　　　　C. 0.001%　　　　　D. 0.0001%

2. 由 GB/T 694—2015 可知，检测镁时称取样品为（　　　）g。

A. 1　　　　　　　B. 2　　　　　　　C. 5　　　　　　　D. 10

（二）填空题

1.《化学试剂　杂质测定用标准溶液的制备》（GB/T 602—2002）规定，杂质测定用标准溶液，在常温（15～25℃）下，保存期一般为（　　　　　）个月，当出现（　　　）、（　　　）或（　　　　　）等现象时，应重新制备。

2. 杂质测定用标准溶液的量取体积应在（　　　　　）～（　　　　　）mL 之间。

3. 通过查阅《化学试剂　无水乙酸钠》（GB/T 694—2015）及相关标准可以得出，该标准规定镁的检测采用的仪器分析方法名称是（　　　　　　　），定量方法是（　　　　　　　　　　　　）。

4. GB/T 694—2015 没有给出镁标准溶液的制备方法，检测时可通过查阅代号为（　　　　　　　）的国家标准得到。

5. 通过查阅《水质　钙和镁的测定　原子吸收分光光度法》（GB 11905—1989）可知：火焰原子吸收分光光度法测定镁的水溶液检出限为（　　　　　）mg/L，测定范围为（　　　　　　　）mg/L。

6. 由 GB/T 694—2015 可知，无水乙酸钠（分析纯）中镁的质量分数不大于（　　　）。

（三）简答题

1. 简述火焰原子吸收光谱法测定无水乙酸钠中镁元素的实验原理。

2. 试推导 GB/T 694—2015 中火焰原子吸收光谱法测定镁的计算公式。

任务二　测定无水乙酸钠中的镁

任务描述　⟶ ⟶ ⟶ ⟶

依据《化学试剂　无水乙酸钠》（GB/T 694—2015），无水乙酸钠样品前处理为溶液后，按《化学试剂　火焰原子吸收光谱法通则》（GB/T 9723—2007）中 7.2.2 的规定测定，结果按 7.2.3 的规定计算。

任务目标　⟶ ⟶ ⟶ ⟶

（1）会填写原始记录表格。

（2）会配制所需的溶液。

（3）会使用质控样进行实验室质量控制。

（4）能归纳测定值与标准规定的极限数值作比较的方法。

（5）培养安全意识。

（6）培养对科学的好奇心与探究欲。

（7）具备数据溯源的意识。

1. 仪器

原子吸收光谱仪：配火焰原子化器，附镁空心阴极灯。

2. 试剂

（1）镁标准储备液（0.100mg/mL）。

（2）镁质控样：标准样品。

（3）盐酸溶液（20%）。

（4）无水乙酸钠样品、试样空白溶液：已溶解定容为100mL。

（5）实验室用水：二级水。

一、原子吸收光谱法的干扰和消除

原子吸收检测中的干扰可分为四种类型：物理干扰、化学干扰、电离干扰和光谱干扰。

1. 物理干扰

物理干扰是指试样在转移、蒸发和原子化过程中物理性质（如黏度、表面张力、密度和蒸气压等）的变化而引起原子吸收强度下降的效应。物理干扰是非选择性干扰，对试样各元素的影响基本相同。物理干扰主要发生在试液提升过程、雾化过程和蒸发过程中。

消除物理干扰的主要方法是配制与被测试样组成相似的标准溶液。在试样组成未知时，可以采用标准加入法或选用适当溶剂稀释试液来减少和消除物理干扰。此外，调整撞击球位置以产生更多细雾、确定合适的提升量等，都能改善物理干扰对结果产生的负效应。

2. 化学干扰

化学干扰是原子吸收光谱分析中的主要干扰。它是由于在样品处理及原子化过程中，待测元素的原子与干扰物质组分发生化学反应，形成更稳定的化合物，从而影响待测元素化合物的解离及其原子化，致使火焰中基态原子数目减少而产生的干扰。化学干扰是一种选择性干扰。例如，PO_4^{3-}在高温时，与Ca、Mg生成难解离的磷酸盐或焦磷酸盐；硅、钛形成难解离的氧化物；钨、硼、稀土元素生成难解离的碳化物，从而使有关元素不能有效地原子化。消除化学干扰的方法如下。

（1）使用高温火焰。高温火焰使在较低温度火焰中稳定的化合物解离。如在空气-乙炔火焰中 PO_4^{3-} 对 Ca 的测定有干扰，Al 对 Mg 的测定有干扰，如果使用氧化亚氮-乙炔火焰，可以提高火焰温度，消除这种干扰。

（2）加入释放剂。释放剂与干扰元素形成更稳定、更难解离的化合物，将待测元素从原来的难解离化合物中释放出来，使之有利于原子化，从而消除干扰。例如 PO_4^{3-} 干扰 Ca 的测定，当加入 $LaCl_3$ 后，干扰就被消除。因为 PO_4^{3-} 与 La^{3+} 生成更稳定的 $LaPO_4$，从而抑制了磷酸根对钙的干扰。

（3）加入保护配位剂。保护剂是能与待测元素形成稳定的但在原子化条件下又易于解离的化合物的试剂。例如加入 EDTA 可以消除 PO_4^{3-} 对 Ca^{2+} 的干扰，这是由于 Ca^{2+} 与 EDTA 配位后不再与 PO_4^{3-} 反应。又如加入 8-羟基喹啉可以抑制 Al 对 Mg 的干扰，这是由于 8-羟基喹啉与铝形成螯合物，减少了铝的干扰。

（4）加入基体改进剂。在待测试液中加入某种试剂，使基体成分转变为较易挥发的化合物，或将待测元素转变为更加稳定的化合物，以便提高灰化温度和更有效地除去干扰基体，这种试剂称为基体改进剂。

加入基体改进剂是消除石墨炉原子化法基体效应影响的重要措施。例如，汞极易挥发，加入硫化物生成稳定性较高的硫化汞，灰化温度可提高到300℃；测定海水中 Cu、Fe、Mn 时，加入 NH_4NO_3，则 NaCl 转化为 NH_4Cl，可在原子化前低于500℃的灰化阶段除去。

（5）化学分离干扰物质。若以上方法都不能有效地消除化学干扰，可采用离子交换、沉淀分离、有机溶剂萃取等方法将待测元素与干扰元素分离开来，但是操作比较麻烦，而且容易引起沾污和损失。

3. 电离干扰

电离干扰是待测元素在形成自由原子后进一步失去电子电离成离子，而使基态原子数目减少，导致测定结果偏低的现象。电离干扰主要发生在电离电位较低的碱金属和部分碱土金属中。

消除电离干扰最有效的方法是在试液中加入一定量的比待测元素更易电离的其他元素（即消电离剂，如 CsCl）。由于加入的元素在火焰中强烈电离，产生大量电子，而抑制了待测元素基态原子的电离。

4. 光谱干扰

光谱干扰是由于分析元素吸收线与其他谱线或辐射不能完全分开而产生的

干扰。

光谱干扰包括谱线干扰和背景干扰两种，主要来源于光源和原子化器，也与共存元素有关。

（1）谱线干扰。谱线干扰有以下三种。

① 吸收线重叠。当共存元素吸收线与待测元素分析线波长很接近时，两谱线重叠，使测定结果偏高。这时应另选其他无干扰的分析线进行测定或预先分离干扰元素。

② 光谱带宽内存在的非共振线干扰。光源发射待测元素多条特征谱线，通常选用最灵敏的第一共振线作为分析线。若分析线附近有单色器不能分离掉的待测元素的其他特征谱线，它们将会对测量产生干扰。这类情况常出现于谱线多的过渡元素。如镍的分析线（232.00nm）附近还有 231.6nm 等多条镍的特征谱线，这些谱线均能被镍原子吸收。由于其他谱线的吸收系数均小于分析线，从而导致吸光度降低，标准曲线弯曲。改善和消除这种干扰的方法是减小狭缝，使光谱带宽小到可以分开这种干扰。

③ 原子化器内直流发射干扰。为了消除原子化器内的直流发射干扰，可以对光源采用交流调制技术。

当采用锐线光源和交流调制技术时，谱线干扰一般可以不予考虑，主要考虑背景干扰。

（2）背景干扰。背景干扰是指在原子化过程中，由于分子吸收和光散射作用而产生的干扰。背景干扰使吸光度增加，因而导致测定结果偏高。

分子吸收是指在原子化过程中，生成的气体分子、氧化物、盐类分子或自由基等对待测元素的分析线产生吸收而引起的干扰。例如，碱金属卤化物（KBr、NaCl、KI 等）在紫外区有很强的分子吸收；硫酸、磷酸在紫外区也有很强的吸收（盐酸、硝酸及高氯酸吸收都很小，因此原子吸收光谱法中应尽量避免使用硫酸和磷酸）。乙炔-空气、丙烷-空气等火焰在波长小于 250nm 的紫外区也有明显吸收。

光散射是指原子化过程中形成高度分散的固体微粒，当入射光照射在这些固体微粒上时产生了散射，而不能被检测器检测，导致吸光度增大。通常入射光波长越短，光散射作用越强；试液基体浓度越大，光散射作用也越严重。

在石墨炉原子吸收中，由于原子化过程中形成固体微粒和产生难解离分子的可能性比火焰原子化大，所以背景干扰比火焰原子化法严重，有时不扣除背景就无法进行测量。

消除背景干扰的方法有以下几种。

① 用邻近非吸收线校正背景。此法是 1964 年由 W. Slavin 提出来的。先用分析线测量待测元素吸收和背景吸收的总吸光度，再在待测元素吸收线附近另选一条不被待测元素吸收的谱线（称为邻近非吸收线）测量试液的吸收度，此吸收即为背景吸收。从总吸光度中减去邻近非吸收线吸光度，就可以达到扣除背景吸收的目的。

邻近非吸收线可用同种元素的非吸收线，也可以用其他不同元素的非吸收线，见表 5-3。选用其他不同元素的非吸收线时，样品中不得含有该种元素。邻近非吸收线波长与分析波长越相近，背景扣除越有效。例如，Mg 的分析线为285.2nm，可选用 Mg 的 281.7nm 非吸收线进行背景扣除。

表 5-3　常用于校正背景的非共振吸收线　　　　单位：nm

分析线	被测元素本身的非共振线	分析线	其他元素的非共振线
Cd 228.8	Cd 226.5	Zn 213.9	Cu 213.6
Co 240.7	Co 238.3	Zn 213.9	Tl 214.3
Cu 324.7	Cu 296.1	Zn 213.9	Sb 217.6
Fe 248.3	Fe 251.1	Pb 217.0	Sb 217.6
Mg 285.2	Mg 281.7	Pb 283.3	Cr 283.5
Mn 279.5	Mn 257.6	Pb 283.3	Cr 283.9
Ni 232.0	Ni 231.6	Pd 247.6	Fe 247.3
Pb 217.0	Pb 220.4	Mg 285.2	Sn 286.3
Pb 283.3	Pb 280.0	Cu 324.7	In 325.6
Sb 217.5	Sb 215.2	Cd 228.8	Bi 227.7
Se 196.0	Se 198.1	Cd 326.1	In 325.6
V 318.4	V 319.6		
Zn 213.9	Zn 210.4		

② 用连续光源校正背景。此法是 1965 年由 S. R. Koirtyohann 提出来的。先用锐线光源（空心阴极灯）测量待测元素和背景吸收的吸光度总和，再用氘灯（紫外区）或碘钨灯、氙灯（可见光区）发出的连续光通过原子化器，在同一波长测出背景吸收。此时待测元素的基态原子对氘灯连续的光谱的吸收可以忽略。因此，当空心阴极灯和氘灯的光束交替通过原子化器时，背景吸收的影响就可以扣除，从而进行校正。由于商品仪器多采用氘灯为连续光源扣除背景，故此法也称氘灯扣除背景法。使用氘灯校正时，要调节氘灯光斑与空心阴极灯光斑完全重

叠，并调节两束入射光能量相等。氘灯背景校正原理示意图如图 5-2 所示。

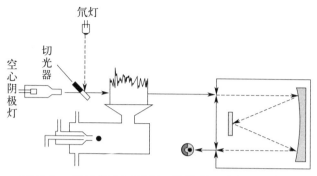

图 5-2　机械调制式氘灯背景校正原理示意图

③ 用自吸收效应校正背景。此法是 1982 年由 S. B. Smith 和 Jr. C. C. Hieftje 提出来的。自吸收效应校正背景法是基于高电流脉冲供电时空心阴极灯发射线的自吸效应。空心阴极灯在高电流下工作时，当空心阴极灯内积聚的原子浓度足够高，其阴极发射的锐线会被灯内处于基态的原子吸收，发射线产生自吸，使发射的锐线变宽，在极端情况下出现谱线自蚀，这时测定的吸光度是背景吸收的吸光度。

当以低电流脉冲供电时，空心阴极灯发射锐线光谱，测定的是待测元素原子吸收和背景吸收的总和，然后以高电流脉冲供电，使它再在高电流下工作，再通过原子化器，测得背景吸收，将两次测得的吸光度数值相减，就可以扣除背景的影响。

此法的优点是使用同一光源在相同波长下进行的校正，校正能力强，可用于全波段的背景校正。不足之处是长期使用此法会使空心阴极灯加速老化，降低测量灵敏度。此法特别适用于在高电流脉冲下共振线自吸严重的低温元素。

④ 塞曼效应校正背景。此法是 1969 年由 M. Prugger 和 R. Torge 提出来的。荷兰物理学家塞曼在 1896 年发现，把产生光谱的光源置于足够强的磁场中，磁场作用于发光体使光谱发生变化，一条谱线即会分裂成几条偏振化的谱线，这种现象称为塞曼效应。塞曼效应校正背景是基于光的偏振特性，先利用磁场将吸收线分裂为具有不同偏振方向的组分，再用这些分裂的偏振组分来区分被测元素和背景吸收的一种背景校正法。

塞曼效应校正背景吸收分为光源调制法（也叫正向塞曼效应背景校正技术）和吸收线调制法（也叫反向塞曼效应背景校正技术）。光源调制法是将磁场加在光源上，吸收线调制法是将磁场加在原子化器上，目前主要应用的是吸收线调制法。调制吸收线的方式有恒定磁场调制方式（见图 5-3）和可变磁场调制方式

（见图 5-4）。恒定磁场调制方式测定灵敏度相比常规原子吸收法有所降低，可变磁场调制方式测定灵敏度已接近常规原子吸收法。

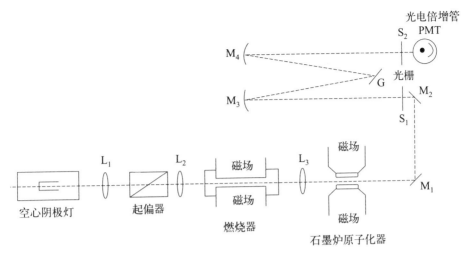

图 5-3　恒定磁场调制方式光路图

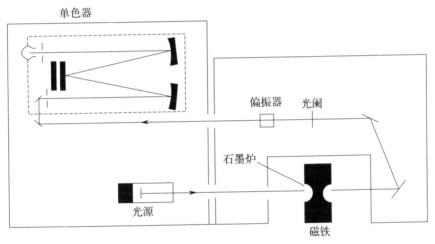

图 5-4　可变磁场调制方式光路图

a. 恒定磁场调制方式（见图 5-5）：在原子化器上施加一恒定磁场，磁场垂直于光束方向。在磁场作用下，吸收线分裂为 π 和 σ± 组分（实质是原子核外层电子能量简并能级在强磁场作用下产生分裂），前者平行于磁场方向，中心线与原来吸收线波长相同；后者垂直于磁场方向，波长偏离原来的吸收线波长。光源共振发射线通过起偏器后变为偏振光，随着起偏器的旋转，某一个时刻有平行于磁场方向的偏振光通过原子化器，吸收线 π 组分和背景产生吸收，测得原子吸收和背景吸收的总吸光度。在另一时刻有垂直于磁场的偏振光通过原子化器，不产生原子吸收，但仍有背景吸收，测得的是中心波长附近背景的吸光度（严格地说，如果 $\sigma^{\pm}$ 组分波长偏离原来的吸收线波长没有足够大，应该为背景吸光度叠加上一小部分 $\sigma^{\pm}$ 组分的原子吸收）。两次测得的吸光度之差，便是校正了背景吸收之后的净原子吸收的吸光度。

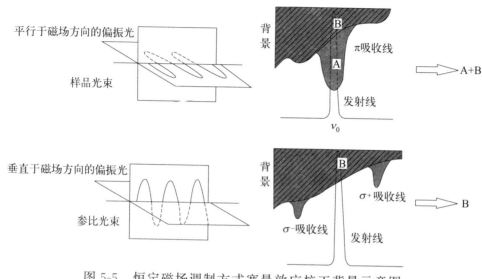

图 5-5　恒定磁场调制方式塞曼效应校正背景示意图

b. 可变磁场调制方式：在原子化器上加一电磁铁，电磁铁仅在原子化阶段被激磁，偏振器是固定的，其作用是去掉平行于磁场方向的偏振光，只让垂直于磁场方向的偏振光通过原子蒸气。在零磁场时，测得的是吸收线的原子吸收和背景吸收的总吸光度。激磁时，通过的垂直于磁场的偏振光只为背景吸收，测得背景吸收的吸光度。两次测得的吸光度之差，便是校正了背景吸收之后的净原子吸收的吸光度。

塞曼效应校正背景的优点：(a) 仅用一个光源（氘灯扣除方式要两个光源），这样就可以保证样品光束和参比光束在同一个时间、同一个波长下观察到原子蒸气的同一个体积上，克服了背景校正的误差（氘灯扣除方式很难保证两个光束观察在同一个体积上，因为两束光很难完全拟合在一点）；(b) 可以在 190～900nm 的范围内的任何波长处实施背景扣除，而氘灯扣除范围仅在 190～350nm 的范围内有效，因为超出此范围氘灯便没有能量了；(c) 塞曼效应校正背景可以全波段进行，它可校正吸光度高达 1.5～2.0 的背景，而氘灯只能校正吸光度小于 1 的背景，因此塞曼效应背景校正的准确度比较高。塞曼效应校正背景是目前最为理想的背景校正法，许多较先进的原子吸收分光光度计都具有该自动校正功能。

但是塞曼效应校正背景也有不足之处，例如，由于 $\sigma^{\pm}$ 组分的被舍弃使有效吸光度数值变小，当样品浓度过低时更加明显（但检出限并不变差）。而且随着永久磁场的逐渐衰减（注：这个衰减是很长的时间过程）或样品浓度过高，$\sigma^{\pm}$组分逐渐向中心波长靠拢，$\sigma^{\pm}$组分的吸光度不等于 0，使得背景校正公式变为：$(A+B)-(B+\Delta A)=A'$，则 $A'<A$，灵敏度逐渐下降。

二、测定值或其计算值与标准规定的极限数值作比较的方法

在分析检验工作中，分析检验者都要对原料、产品作出合格与否的判定，判定的依据是该产品所执行的标准中规定的指标数值，而这些指标数值往往是极限数值，也就是数值范围的界限。在出具检验报告单时，要求对测量值或其计算值与执行的标准规定的极限数值作比较，以便对产品作出是否符合标准要求的判定，比较的方法有全数值比较法和修约值比较法两种。

全数值比较法是将测试所得的测定值或计算值不经修约处理（或虽经修约处理，但应标明它是经舍、进或未进未舍而得），用该数值与规定的极限数值作比较，只要超出极限数值规定的范围（不论超出程度大小），都判定为不符合要求。

修约值比较法是将测定值或其计算值按数值修约规则进行修约，修约位数应与规定的极限值位数一致，将修约后的数值与规定的极限数值进行比较，只要超出极限数值规定的范围（不论超出程度大小），都判定为不符合要求。

全数值比较法比修约值比较法相对较严格。在标准或有关文件中，若对极限数值无特殊规定时，均应使用全数值比较法。如规定采用修约值比较法，应在标准中加以说明。

两比较法的实例见表 5-4。

表 5-4　全数值比较法和修约值比较法在标准中判定实例

项目	极限值指标/%	测量值或计算值/%	全数值比较法		修约值比较法	
			可写成/%	是否符合标准	修约值/%	是否符合标准
氮含量	≥46.0	45.95	46.0(−)	不符合	46.0	符合
		45.45	45.4(+)	不符合	45.4	不符合
		46.01	46.0(+)	符合	46.0	符合
水分含量	≤1.0	1.05	1.0(+)	不符合	1.0	符合
		0.95	1.0(−)	符合	1.0	符合
		0.94	0.9(+)	符合	0.9	符合
酸不溶物	≤0.004	0.00451	0.005(−)	不符合	0.005	不符合
		0.00351	0.004(−)	符合	0.004	符合
		0.00350	0.004(−)	符合	0.004	符合
		0.00445	0.004(+)	不符合	0.004	符合

任务实施

一、配制试剂

1. 镁标准中间液 （10.0mg/L）

吸取镁标准储备液（0.100mg/mL）10.00mL 于 100mL 容量瓶中，用纯水稀释至刻度，混匀。

例 5-1： 检测分析纯无水乙酸钠，镁标准使用液的质量浓度应该配制多少为宜？（以首次加入镁标准使用液体积 1mL 计算）

检测分析纯无水乙酸钠，《化学试剂　无水乙酸钠》（GB/T 694—2015）中合格标准是镁质量分数不大于 0.0005%。而标准中规定的检测方法主要稀释过程是：称取 10g 试样，处理后定容至 100mL，然后从中吸取 20.00mL，最后处理后定容为 100mL。则合格产品中，镁的质量浓度最高为：

$$\rho_x = \frac{w \times m_x}{V_x} \times \frac{V_{移取}}{V_{定容}} = \frac{0.0005\% \times 10g}{100mL} \times \frac{20mL}{100mL} = 1 \times 10^{-7} g/mL = 0.1 mg/L$$

标准加入法要求首次加入的标准溶液应和试样溶液浓度大致相同，即 $\rho_0 \approx \rho_x$，若首次加入镁标准使用液体积 1mL，则要求镁标准使用液的质量浓度为：

$$\rho_s = \rho_x \times \frac{V_{定容}}{V_{移取}} = 0.1 mg/L \times \frac{100mL}{1mL} = 10 mg/L$$

2. 标准系列溶液

从无水乙酸钠样品溶液中准确吸取 4 份 20.00mL 试样溶液于 4 只 100mL 容量瓶中，分别加入镁标准中间液（10.0mg/L）0.00mL、1.00mL、2.00mL、3.00mL，用纯水稀释至刻度，混匀。同时吸取 20.00mL 试样空白溶液于另一只 100mL 容量瓶中，定容、混匀，作校零用试样空白溶液。

例 5-2： 已知火焰原子吸收光谱法测定镁的检出限为 0.002μg/mL，问：首次加入镁标准中间液（10.0mg/L）1.00mL 是否符合标准加入法的要求？（即首次加入的标准溶液应和试样溶液浓度大致相同，即 $\rho_0 \approx \rho_x$，但不得低于该元素检出限的 20 倍）

首次加入标准溶液：

$$\rho_0 = \rho_s \times \frac{V_{移取}}{V_{定容}} = 10.0 mg/L \times \frac{1.00mL}{100.0mL} = 0.1 mg/L$$

而 $20 \times 0.002μg/mL = 0.04mg/L < 0.1mg/L$。即加入的标准溶液浓度 ρ_0 大

于镁元素检出限的 20 倍；另外由例 5-1 可知，$\rho_0 \approx \rho_x$，则符合"首次加入的标准溶液应和试样溶液浓度大致相同"，因此首次加入镁标准中间液（10.0mg/L）1.00mL 符合标准加入法的要求。

3. 镁质控样

按质控样证书的要求，配制质控样溶液和质控样空白溶液。然后吸取适当体积的质控样（定容后约为 0.1mg/L），同试样溶液一样采用标准加入法测定。

二、测定数据

1. 仪器条件

打开仪器背景校正功能，根据各自仪器性能调至最佳状态。

2. 标准系列测定

用试样空白溶液校零后，按浓度从低到高的顺序，依次测量各容量瓶的吸光度。

3. 质控样测定

用质控样空白溶液校零后，按浓度从低到高的顺序，依次测量各容量瓶的吸光度。

4. 关机

按关机要求正确关机。

注意事项

标准加入法要求扣除背景，通常由仪器扣除背景，如没有背景校正系统装置的仪器，可利用非吸收线，单独测出背景吸收。

三、处理数据

1. 标准曲线的制作

以质量浓度为横坐标，吸光度值为纵坐标，制作标准曲线，也可以采用一元线性回归法处理。

2. 质控样含量计算

将曲线反向延长与横轴相交，交点即为定容后待测元素的质量浓度。待测元素的质量浓度也可根据回归方程，代入 $A = 0$ 计算。然后根据质控样配制过程，计算质控样含量，并按质控样证书要求表示结果。

3. 试样含量计算

类似于质控样处理，通过标准曲线或回归方程得到待测元素的质量浓度，然后根据试样处理过程，计算原样品的质量分数。

 注意事项

（1）试样和质控样各有一条标准曲线或回归方程。

（2）标准加入法工作曲线横坐标是加入的待测元素标准溶液的质量浓度，而不是待测元素的总质量浓度。

（3）标准加入法工作曲线外推得到的数值，需要取绝对值才是待测组分的质量浓度。

四、质控判断

将质控样检测结果与质控样证书比较，如果超出其扩展不确定度范围，则本次检测无效，需要重新进行检测，若没超出其扩展不确定度范围，则本次检测有效。

任务实施记录 ⟶ ⟶ ⟶ ⟶

填写表 5-5。

表 5-5　无水乙酸钠中镁的检测记录

记录编号			
样品名称		样品编号	
检验项目		检验日期	
检验依据		判定依据	
温度		相对湿度	

镁质控样标准样品编号：_____

仪器条件：光谱带宽_____nm　　积分时间_____s
灯电流_____mA　　　　　燃烧器高度_____mm
乙炔流量_____　　　　　　空气流量_____
背景校正方式_____

一、镁标准中间液			
$V_{镁储}$/mL		$V_{定容}$/mL	
ρ_s/(mg/L)			

二、样品称量及标准系列溶液

$m_{初}$/g		$m_{终}$/g		m/g	
$V_{定容}$/mL			$V_{吸取}$/mL		
V_s/mL					
$\rho_s(Mg)/(\mu g/mL)$					
A					
$A_{背景}$					
ΔA					
回归方程			相关系数		
$\rho_x/(\mu g/mL)$			$w/\%$		

三、质控样

质控样配制方法：

质控样证书含量：　　　　　扩展不确定度：

$\rho_s/(\mu g/mL)$		不确定度		$V_{吸取}$/mL	
V_s/mL					
$\rho_s/(\mu g/mL)$					
A					
$A_{背景}$					
ΔA					
回归方程			相关系数		
质控样含量					
本次检测			有效□;无效□		
检验人			复核人		

任务评价 ┄┄╌╌╌┅

填写任务评价表，见表5-6。

表5-6　任务评价表

序号	评价指标	评价要素	自评
1	标液配制	计算思路 计算结果	
2	样品称量	天平使用 称量范围	

序号	评价指标	评价要素	自评
3	通气、点火	检查水封 检查漏气 气体压强设定	
4	数据测量	条件设置 测量顺序 校零检查	
5	结束工作	燃烧器清洗 关气顺序 电源关闭 填写仪器实验记录卡	
6	数据处理	计算过程 计算结果 有效数字	

 思考题

(一) 填空题

1. 当试样中（   ）时，使用标准加入法进行分析是合适的。

2. 标准加入法至少应采用（   ）点（包括试样溶液本身）来绘制外推关系曲线。

3. 标准加入法可以消除部分（   ）带来的影响，并在一定程度上消除了化学干扰和电离干扰，但不能消除（   ）干扰。

4. 标准加入法首次加入标准溶液应（   ），但不得低于该元素检出限的（   ）倍。

5. 标准加入法的理论依据是（   ）。

6. 标准加入法工作曲线的横坐标是（   ），纵坐标是（   ）。

(二) 计算题

称取镁质量分数约为 0.001% 的未知样 10g，溶解后定容为 100mL，从中吸取 10.00mL 进行原子吸收光谱法标准加入法定量，定容体积为 100mL。若镁的检出限为 0.002mg/L，要求第一份加入标准使用溶液的体积为 0.50mL，求应配制的镁标准使用溶液的质量浓度。

项目六
直接电位法测定表面
活性剂水溶液的 pH

在化学生产过程中或基础研究中，pH 值的测量起着重要作用。pH 值是溶液中氢离子活度的负对数值：

$$pH = -\lg a_{H^+}$$

稀溶液下可近似按浓度处理：

$$pH = -\lg[H^+]$$

式中，a_{H^+} 和 $[H^+]$ 分别表示溶液中氢离子活度和浓度。pH 值有时也被称为"氢离子指数"。本项目依据《表面活性剂　水溶液 pH 值的测定　电位法》（GB/T 6368—2008），用直接电位法测定表面活性剂水溶液的 pH 值。

任务一　检验电极

任务描述

pH 计（酸度计）是一种电化学分析仪器，能准确地测定溶液的 pH 值。但是随着使用时间的增加，电极的精度和稳定性可能会受到影响，导致其测量精度降低。因此需要对电极进行定期检验，以确保电极能正常工作。

任务目标

（1）能识别和使用酸度计。

（2）会安装及维护电极。

（3）初步学会检验电极。

（4）会用酸度计测量电动势。

（5）能说明原电池的结构和工作原理。

（6）会区分不同功能的电极、工作原理和电极反应。

（7）能说明并运用能斯特方程计算电极电位。

（8）能说明电池电动势的测量工作原理。

（9）培养严谨规范、认真耐心的工作态度。

（10）培养个人防护的安全意识。

仪器、试剂 ⇢⇢⇢⇢

1. 仪器

（1）酸度计。

（2）pH 复合电极（或 pH 玻璃电极、饱和甘汞电极）。

（3）酸度计操作说明书。

（4）水浴锅。

2. 试剂

（1）硼砂 pH 标准物质。

（2）混合磷酸盐 pH 标准物质。

（3）邻苯二甲酸氢钾 pH 标准物质。

知识链接 ⇢⇢⇢⇢

一、酸度计的构成

酸度计（见图 6-1）主要包括电计和测量电极。

电计由阻抗转换器、放大器、功能调节器和显示器等部分组成。

测量电极现在常用 pH 复合电极，它是由 pH 玻璃电极和参比电极组合在一起的聚碳酸酯塑料外壳电极，是 pH 值测量元件。

图 6-1　pHS-3C 酸度计

二、原电池

原电池是由于两个电极的电负性不同，产生电势差，两极上自发地发生化学反应，并使电子流动，产生电流的装置。它能自发地将本身的化学能转变为电能（如干电池，见图6-2）。

原电池由两根电极插入电解质溶液中组成，如铜锌原电池（图6-3）是常见的原电池，可以表示如下：

$$(-)Zn \mid Zn^{2+}(a_{Zn^{2+}}) \parallel Cu^{2+}(a_{Cu^{2+}}) \mid Cu(+)$$

单线"$\mid$"表示锌电极和硫酸锌溶液这两个相的界面、铜电极和硫酸铜溶液这两个相的界面；通常用双线"$\parallel$"表示盐桥，因为盐桥存在两个接界面，即硫酸锌溶液与盐桥之间界面和盐桥与硫酸铜溶液之间界面。

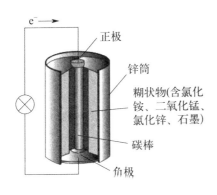

图6-2　干电池构成示意图

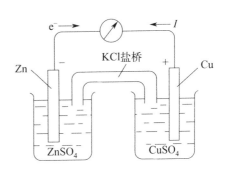

图6-3　铜-锌原电池示意图

原电池产生电能的机理如下。

① 电极反应：

$$(-)Zn极 \quad Zn \longrightarrow Zn^{2+}+2e^- \qquad （氧化反应）$$

$$(+)Cu极 \quad Cu^{2+}+2e^- \longrightarrow Cu \qquad （还原反应）$$

② 电池反应：

$$Zn+Cu^{2+} \longrightarrow Zn^{2+}+Cu \qquad （氧化还原反应）$$

在电极与溶液的两相界面上，存在的电位差叫作电极电位 φ，原电池两电极间的电位差叫作原电池的电动势 E：

$$E=\varphi_+ - \varphi_- + \varphi_{(L)}$$

式中，$\varphi_{(L)}$ 为液接电位，在实际测试中，由于使用了盐桥，使液体接界电位减到很小，在电动势计算中可忽略不计。则

$$E=\varphi_+ - \varphi_-$$

三、能斯特方程式

上述铜锌原电池中，将金属片M插入含有该金属离子 M^{n+} 的溶液中，此时

在金属与溶液的接界上将发生电子的转移，形成双电层，产生电极电位。表示电极的平衡电位与电极反应各组分活度关系的方程式叫作能斯特方程式，即

$$\varphi_{M^{n+}/M} = \varphi^{\ominus}_{M^{n+}/M} + \frac{RT}{nF}\ln a_{M^{n+}} \tag{6-1}$$

式中，$\varphi^{\ominus}_{M^{n+}/M}$ 是标准平衡电位，V；R 为摩尔气体常数，8.3145J/(mol·K)；T 为热力学温度，K；n 为电极反应中转移的电子数；F 为法拉第常数，96486.7C/mol；$a_{M^{n+}}$ 为金属离子 M^{n+} 的活度，mol/L。

活度是指离子在溶液中的有效浓度。当离子浓度很小时，可用 M^{n+} 的浓度代替活度：

$$\varphi_{M^{n+}/M} = \varphi^{\ominus}_{M^{n+}/M} + \frac{2.303RT}{nF}\lg c_{M^{n+}} \tag{6-2}$$

在温度为 25℃时，能斯特方程式可近似地简化成下式：

$$\varphi_{M^{n+}/M} = \varphi^{\ominus}_{M^{n+}/M} + \frac{0.0592}{n}\lg c_{M^{n+}} \tag{6-3}$$

四、电位分析法中电极的分类

电极是在电化学电池中用以进行电极反应和传导电流从而构成回路的电化学器件。如上述铜锌原电池中，金属 M 与该金属离子 M^{n+} 溶液构成一个电极。

1. 按电极的组成分类

（1）金属基电极。包括金属-金属离子电极、金属-金属难溶盐电极和惰性金属电极三类。

① 金属-金属离子电极：由金属与该金属离子溶液组成的电极。如：Ag-AgNO$_3$ 电极、Zn-ZnSO$_4$ 电极等。

② 金属-金属难溶盐电极：由金属与该金属的难溶盐和含有该难溶盐阴离子的溶液组成。将金属表面涂上该金属的难溶盐或氧化物，插入与该难溶盐具有相同阴离子的溶液中即可组成金属-金属难溶盐电极。如：甘汞电极、Ag-AgCl电极。

③ 惰性金属电极：由惰性金属如 Pt 与含有可溶性的氧化态和还原态物质的溶液组成。电极不参与氧化还原反应，但其晶格间的自由电子可与溶液进行交换。故惰性金属电极可作为溶液中氧化态和还原态获得电子或释放电子的场所。如：$Pt | Fe^{3+}(a_{Fe^{3+}})$，$Fe^{2+}(a_{Fe^{2+}})$。

（2）离子选择电极。离子选择电极（英文缩写为 ISE）都有一个由单晶、混晶、液膜、高分子功能膜及生物膜等构成的敏感膜，故又称"膜电极"。不同的膜电极仅对不同的特定离子有选择性响应。将某一合适的膜电极浸入含有一定活度的待测离子溶液中时，其电极电位与溶液中待测离子活度的关系符合能斯特方程。

$$\varphi_{\text{ISE}} = K' \pm \frac{2.303RT}{nF}$$

式中，n 为离子的电荷数。离子选择电极作正极时，对阳离子响应的电极，取正号；对阴离子响应的电极，取负号。

2. 按电极的功能分类

（1）指示电极：电极的电位能指示被测离子活度（或浓度）变化的电极。常用的指示电极有玻璃电极、氟电极、银电极等。如图 6-4 所示的 pH 玻璃电极。

电极电位：

$$\varphi_{\text{玻璃}} = K + \frac{2.303RT}{F}\lg a_{\text{H}^+} \qquad (6\text{-}4)$$

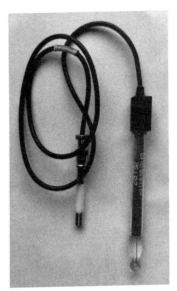

图 6-4　pH 玻璃电极

当温度等实验条件一定时，pH 玻璃电极的电极电位与试液的 pH 成线性关系，斜率为 $s = \dfrac{2.303RT}{F}$。

当温度为 25℃时：

$$\varphi_{\text{玻璃}} = K - 0.0592\text{pH}_{\text{试液}} \qquad (6\text{-}5)$$

（2）参比电极：电极的电位不受试验溶液组成变化的影响，具有较恒定的数值的电极，作为测定其他电极电位的标准。甘汞电极（如图 6-5 所示）和银-氯化银电极都是常用的参比电极。

甘汞电极的电极电位（25℃）：

$$\varphi_{\text{Hg}_2\text{Cl}_2/\text{Hg}} = \varphi^{\ominus}_{\text{Hg}_2\text{Cl}_2/\text{Hg}} - 0.0592\lg a_{\text{Cl}^-} \qquad (6\text{-}6)$$

一定条件下，甘汞电极电位只与 Cl^- 有关，电极内溶液的 Cl^- 活度一定时，其电极电位值不变。25℃时饱和甘汞电极（SCE）的电极电位为 0.2438V。

五、电池电动势的测量工作原理

通常将参比电极、指示电极与被测物质溶液构成一个原电池（见图 6-6），组

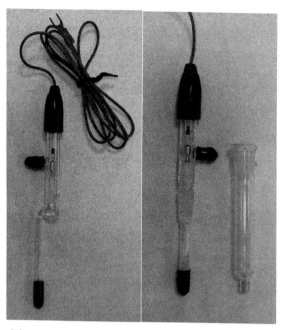

图 6-5　饱和甘汞电极及双盐桥式甘汞电极

成完整的测量电路（参比电极提供稳定的基准值），电池的电动势输入电计（毫伏计）即可显示。

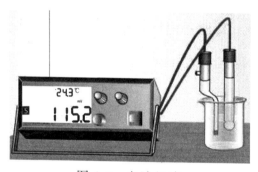

图 6-6　电池组成

六、 pH 标准缓冲溶液的配制

pH 标准缓冲溶液是 pH 值测定的基准。实验室常用的标准缓冲物质是邻苯二甲酸氢钾、混合磷酸盐和硼砂。按《pH 值测定用缓冲溶液制备方法》（GB/T 27501—2011）配制出的标准缓冲溶液的 pH 值均匀地分布在 1～13 的范围内。市场上销售的 pH 标准物质就是这几种物质的小包装产品，配制时不需要再干燥和称量，直接按要求溶解即可使用。

一、配制试剂

（1）硼砂标准缓冲溶液 pH＝9.18（25℃）：取 GBW（E）130072 硼砂 pH 标准物质一支，用无 CO_2 水溶解稀释，配制成 250.0mL 的溶液。

（2）混合磷酸盐标准缓冲溶液 pH＝6.86（25℃）：取 GBW（E）130071 混合磷酸盐 pH 标准物质一支，用无 CO_2 水溶解稀释，配制成 250.0mL 的溶液。

（3）邻苯二甲酸氢钾标准缓冲溶液 pH＝4.00（25℃）：取 GBW（E）130070 邻苯二甲酸氢钾 pH 标准物质一支，用无 CO_2 水溶解稀释，配制成 250.0mL 的溶液。

二、阅读说明书，认识酸度计

（1）参照说明书背面示意图，认识酸度计各插孔及功能，如图 6-7 所示。

PHSJ-3F 型酸度计

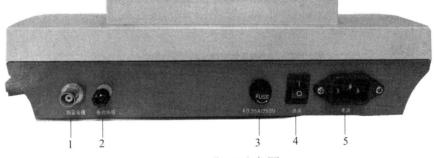

图 6-7　背面示意图

1—测量电极插孔；2—参比电极接口；3—保险丝；4—电源开关；5—电源插孔

（2）认识仪器正面外形和按键，如图 6-8 所示。

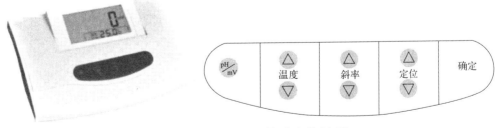

图 6-8　仪器正面外形和按键图

（3）认识仪器显示内容，如图 6-9 所示。

图 6-9　仪器显示图

注意事项

（1）不是所有显示符号都可同时出现。

（2）数值达到稳定，即可读取测量值。

（3）不同类型的仪器显示符号会有所不同，但是功能与作用是相似的。

三、准备酸度计

接通酸度计电源，打开开关，仪器自检，显示 0mV（若不是 0mV，说明仪器故障），预热 20min。注意此时 Q9 短路插头应接在测量电极插孔中。

四、安装电极

pH 复合电极

1. 电极准备

去除 pH 复合电极的保护帽（如图 6-10 所示），检查保护帽内溶液是否蒸发完全，若蒸发完全，在使用前应在 3mol/L KCl 中浸泡 8～24h 后方可使用。

图 6-10　pH 复合电极及保护帽（内装 KCl 溶液）

2. 检查电极

检查电极前端的球泡。正常情况下，电极应该透明而无裂纹；玻璃球泡内要充满溶液，不能有气泡存在。

3. 连接 pH 复合电极

拔下酸度计 Q9 短路插头，将 pH 复合电极接入测量电极插孔。

4. 电极清洗方法

在各次测量之间用纯水清洗电极，并吸干表面（不要擦拭电极，避免损坏玻璃薄膜），防止交叉污染，影响测量精度，见图6-11。

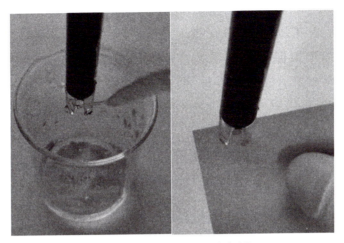

图6-11　清洗电极示意图

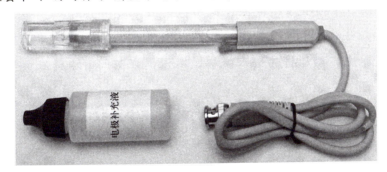

五、检验电极

1. 测量电动势并检验电极

按"pH/mV"键设置为 mV 模式。控制室温和溶液温度约为 25℃，将电极依次浸入 pH＝6.86（25℃）、pH＝4.00（25℃）、pH＝9.18（25℃）的标准缓冲溶液中，轻摇溶液以促使电极平衡。待仪器读数稳定后，记录电动势（mV）于表 6-1 中。每次测量之间要对电极进行清洗。

2. 测量结果分析

根据测量结果，判断电极的功能情况。电极信号应在表 6-1 所列的范围内。

六、关机和结束工作

（1）任务完毕，关闭酸度计电源开关，拔出电源插头。

（2）取出复合电极，蒸馏水清洗干净后套上电极帽，存放在盒内。

（3）将 Q9 短路插头接入测量电极插孔中。

（4）清洗试杯，晾干后妥善保存。

（5）清理实验工作台，填写仪器使用记录。

注意事项

（1）长时间不用 pH 计时，关闭电源。

（2）配制 pH 标准缓冲溶液应使用无 CO_2 水。

（3）配制 pH 标准缓冲溶液应使用较小的烧杯来稀释，以减少沾在烧杯壁上的溶液。存放 pH 标准物质的容器或塑料袋，除了应倒干净外，还应用蒸馏水多次冲洗，然后将其倒入烧杯，以保证配制的 pH 标准缓冲溶液准确无误。

（4）配制好的标准缓冲溶液一般可冷藏并密闭保存 2～3 个月，如发现有浑浊、发霉或沉淀等现象时，不能继续使用。

（5）碱性标准缓冲溶液应装入低压高密度聚乙烯瓶中密闭保存。防止 CO_2 进入，降低其 pH 值。

任务实施记录

填写表 6-1。

表 6-1　检验电极的检测记录

缓冲溶液	pH＝6.86(25℃)	pH＝4.00(25℃)	pH＝9.18(25℃)
E/mV			
正常电极/mV	0±40	约170	120～130

硼砂 pH 标准物质编号：

混合磷酸盐 pH 标准物质编号：

邻苯二甲酸氢钾 pH 标准物质编号：

任务评价 ⋯⋯→⋯→⋯→

填写任务评价表，见表 6-2。

表 6-2　任务评价表

序号	评价指标	评价要素	自评
1	认识酸度计 (pHS-3C)	指认酸度计各插孔 指认各功能键，说出作用 能说出酸度计的主要构成部件名称	
2	安装电极	指认 pH 复合电极 会连接电极（复合电极）、Q9 短路插头、电源 会清洗电极	
3	检验电极	能按 pH 标准物质的产品说明要求配制 pH 标准缓冲溶液 能用酸度计测定电池电动势并说明原理 会检查及判断电极的功能情况	

思考题

(一) 判断题

1. 电极电位随溶液中待测离子活（浓）度的变化而变化，并指示出待测离子活（浓）度的电极称为参比电极。　　　　　　　　　（　　）

2. 参比电极是测量电池电动势的基准。　　　　　　　　（　　）

3. pH 计一般是由电极和电位测量仪器两部分组成的。　　　（　　）

(二) 选择题

1. 将金属锌插到 0.1mol/L 硫酸锌溶液和将金属铜插到 0.1mol/L 硫酸铜溶液所组成的电池应记为（　　）。

　A. ZnZnSO₄CuCuSO₄

　B. Zn｜ZnSO₄Cu｜CuSO₄

　C. Zn｜ZnSO₄CuSO₄｜Cu

　D. Zn｜ZnSO₄(0.1mol/L)‖CuSO₄(0.1mol/L)｜Cu

2. 对于离子浓度和离子活度的关系，理解正确的是（　　　）。

A. 离子活度通常小于离子浓度

B. 离子活度通常大于离子浓度

C. 溶液无限稀时，活度接近浓度

D. 实际应用中，能斯特方程中的离子活度由离子浓度替代

3. 在一定条件下，电位值恒定的电极称为（　　　）。

A. 指示电极　　　　B. 参比电极　　　　C. 膜电极　　　　D. 惰性电极

4. 离子选择电极的选择性主要由（　　）决定。

A. 离子浓度　　　　　　　　　B. 电极膜活性材料的性质

C. 待测离子活度　　　　　　　D. 测定温度

（三）填空题

1. 常用的金属基电极有（　　　　　）、（　　　　　）、（　　　　　）。

2. 在 Cu-Zn 原电池中，正极（　　　）电子，发生（　　　）反应，电极反应为
（　　　　　　　）。

3. 通常的 pH 玻璃电极测量 pH 值时，使用的是对（　　　　　）敏感的玻璃
球膜。

（四）计算题

温度为 25℃时，将 Ag 电极浸入浓度为 1×10^{-3} mol/L $AgNO_3$ 溶液中，计算该银
电极的电极电位。（已知：$\varphi_{Ag^+/Ag}^{\ominus} = 0.799V$）

任务二　识读检测标准及样品前处理

任务描述　⇢⇢⇢⇢

依据《表面活性剂　水溶液 pH 值的测定　电位法》（GB/T 6368—2008）
的检测方法，采用直接电位法测定表面活性剂水溶液的 pH。在仔细阅读、理解
标准的基础上，准备所需的仪器、试剂，并对样品进行前处理。

（1）能从标准中获取工作要素。

（2）会配制所需溶液。

（3）会对样品进行处理。

（4）能阐明电位分析法的基本原理。

（5）能说明常用电极的结构。

（6）培养自主学习和持续学习的意识。

（7）培养独立思考和解决问题的意识。

（8）具备规则意识和严谨的工作作风。

仪器、试剂 ⇢⇾⇢⇾⇢⇾

1. 仪器

电子天平：1mg。

2. 试剂

表面活性剂试样。

知识链接 ⇢⇾⇢⇾⇢⇾

一、电位分析法

电位分析法是将一支指示电极和一支参比电极插入待测溶液中组成一个原电池，在零电流的条件下，通过测定电池电动势，进而求得溶液中待测组分含量的方法。电位分析法分为直接电位法和电位滴定法。

直接电位法是通过测量上述化学电池的电动势，从而得知指示电极的电极电位，再通过指示电极的电极电位与溶液中被测离子浓度（活度）的关系，求得被测组分含量的方法。如参比电极做正极、指示电极做负极时：

$$E = \varphi_{参比} - \varphi_{M^{n+}/M} = \varphi_{参比} - \varphi_{M^{n+}/M}^{\ominus} - \frac{2.303RT}{nF}\lg a_{M^{n+}} = K' - \frac{2.303RT}{nF}\lg a_{M^{n+}}$$

（6-7）

由式(6-7)可看出，电池电动势与溶液中被测离子的浓度（活度）有关，通过测量电池电动势，可计算出被测物质的含量，这就是直接电位法的基本原理。

　　电位滴定法是在滴定过程中，根据标准溶液的体积和指示电极的电位变化来确定终点的方法。被测物质含量的求得方法和化学分析滴定法完全相同。

二、常用电极的结构

　　（1）pH 玻璃电极（作为指示电极）结构如图 6-13 所示。

　　（2）饱和甘汞电极（作为参比电极）结构如图 6-14 所示。

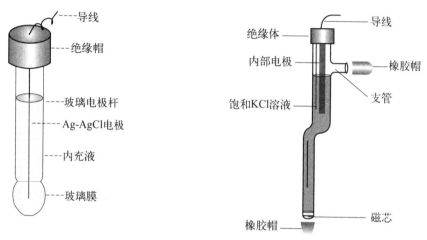

图 6-13　pH 玻璃电极结构示意图　　　　图 6-14　饱和甘汞电极结构示意图

　　（3）pH 复合电极结构如图 6-15 所示。

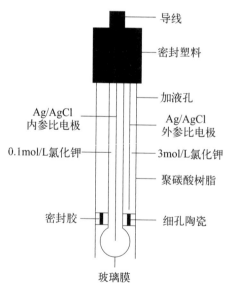

图 6-15　pH 复合电极结构示意图

一、阅读与查找标准

仔细阅读《表面活性剂 水溶液 pH 值的测定 电位法》(GB/T 6368—2008),找出方法的适用范围、原理、试验条件、精密度要求等内容,并列出所需的其他相关标准。将查找结果填入表 6-3。

二、样品处理

称取表面活性剂试样 10.0g 置于烧杯中,称准至 0.001g,用蒸馏水溶解,移入 1000mL 容量瓶中,稀释至刻度,摇匀备用,并填入表 6-3。

任务实施记录 ┅╬┅╬┅╬

填写表 6-3。

表 6-3 识读检测标准及样品前处理记录

记录编号			
一、阅读与查找标准			
方法原理			
相关标准			
检测限			
准确度		精密度	
二、标准内容			
适用范围		限值	
定量公式		性状	
三、样品处理			
序号	1	2	3
样品质量/g			
定容/mL			
检验人		复核人	

任务评价 ┅╬┅╬┅╬

填写任务评价表,见表 6-4。

表 6-4　任务评价表

序号	评价指标	评价要素	自评
1	阅读与查找标准	相关标准 适用范围 方法原理 检出限 准确度 精密度	
2	样品处理	称量操作规范 容量瓶操作规范	

思考题

(一) 选择题

电位分析法中由一个指示电极和一个参比电极与试液组成 (　　　)。

A. 滴定池　　　　B. 电解池　　　　　　C. 原电池　　　　　　　D. 电导池

(二) 填空题

1. 参比电极是 (　　　　　　) 不随测定溶液和浓度变化而变化的电极。常用的如甘汞电极，由 (　　　　　)、(　　　　　　) 及 (　　　　　　) 溶液构成，电极电位表示为 (25℃) (　　　　　　)，电极内 (　　　　) 的活度一定，甘汞电极的 (　　　　　)。

2. 指示电极的 (　　　　　) 是随被测溶液的浓度变化而变化的。常用的如 pH 玻璃电极。电极电位表示为 (25℃) (　　　　　　　)，当温度等实验条件一定时，pH 玻璃电极的电极电位与试液的 pH 成 (　　　　) 关系。

3. pH 玻璃电极和参比电极能组成完整的测量电路，(　　　　　) 电极提供稳定的基准值，两种电极结合一起能组成 (　　　　　) 电极。

任务三　测定表面活性剂水溶液的 pH

任务描述　⋯⋯⋯⋯

依据《表面活性剂　水溶液 pH 值的测定　电位法》(GB/T 6368—2008) 中的直接电位法测定表面活性剂水溶液的 pH。

　　（1）会配制所需的溶液。

　　（2）会校正酸度计。

　　（3）会操作电极和酸度计测定溶液 pH 值。

　　（4）会填写原始记录表格。

　　（5）能阐明酸度计测量溶液 pH 值的原理。

　　（6）能说明 pH 的操作定义。

　　（7）培养安全意识。

　　（8）培养实事求是、精益求精的科学精神。

　　（9）具备严谨、仔细、认真的职业素养。

　　（10）培养数据溯源的意识。

仪器、试剂 ⇢ ⇢ ⇢

1. 仪器

　　（1）酸度计。

　　（2）pH 复合电极（或 pH 玻璃电极、饱和甘汞电极）。

　　（3）温度计：0～100℃。

2. 试剂

　　（1）硼砂标准缓冲溶液 pH＝9.18（25℃）。

　　（2）邻苯二甲酸氢钾标准缓冲溶液 pH＝4.00（25℃）。

　　（3）质控样：标准样品。

　　（4）pH 广泛试纸（pH 为 1～14）。

知识链接 ⇢ ⇢ ⇢

一、酸度计测量溶液 pH 值的原理

　　将规定的指示电极和参比电极浸入同一被测溶液中，构成一原电池，其电动势与溶液的 pH 值有关，通过测量原电池的电动势即可得出溶液的 pH 值。

　　其中，指示电极一般为 pH 玻璃电极，参比电极为饱和甘汞电极。由两支电极与溶液组成的原电池的组成表示如下：

$$\underbrace{Ag,AgCl|HCl(0.1mol/L)|玻璃膜|试液溶液}_{\varphi_{玻璃}}\underbrace{\|KCl(饱和)}_{\varphi_{液接}}\underbrace{|Hg_2Cl_2(固),Hg}_{\varphi_{甘汞}}$$

则电池电动势为：

$$E = \varphi_{甘汞} - \varphi_{玻璃} + \varphi_{液接}$$

$$= \varphi_{Hg_2Cl_2/Hg} - (\varphi_{AgCl/Ag} + \varphi_{膜}) + \varphi_{液接}$$

$$= \varphi_{Hg_2Cl_2/Hg} - \varphi_{AgCl/Ag} - K - \frac{2.303RT}{F}\lg a_{H^+} + \varphi_{液接}$$

$$E = K' + \frac{2.303RT}{F}\mathrm{pH} \qquad (6\text{-}8)$$

25℃时：

$$E = K' + 0.0592\mathrm{pH} \qquad (6\text{-}9)$$

二、 pH 的操作定义

pH 是从操作上定义的。对于溶液 x，测量下列原电池的电动势 E_x：

$$参比电极|KCl 浓溶液|溶液\ x\ |H_2|Pt$$

将未知 pH_x 的溶液 x 换成标准 pH_s 的溶液 s，同样测量电池的电动势 E_s。则

$$\mathrm{pH}_x = \mathrm{pH}_s + \frac{(E_s - E_x)F}{RT\ln 10} \qquad (6\text{-}10)$$

25℃时，有：

$$\mathrm{pH}_x = \mathrm{pH}_s + \frac{E_x - E_s}{0.0592} \qquad (6\text{-}11)$$

上式即为 pH 实用定义或 pH 标度，其中 pH_s 为已知值，测量出 E_x、E_s 即可求出 pH_x。

三、酸度计日常维护

1. 电计的维护

（1）酸度计应放置在干燥、无振动、无酸碱腐蚀性气体、环境温度稳定（一般在 5～45℃）的地方。

（2）仪器的输入端（测量电极插座）必须保持干燥清洁。仪器不用时，将 Q9 短路插头插入插座，防止灰尘及水汽浸入。

（3）测量时，电极的引入导线应保持静止，否则会引起测量不稳定。

（4）仪器采用了 MOS（金属-氧化物-半导体）集成电路，因此在检修时应保证电烙铁有良好的接地。

（5）长期不用的仪器，每隔 1～2 周通电一次（时间间隔视仪器安放地点的湿度而定）。

2. 电极的维护

（1）始终保持电极插头的清洁、干燥，否则将导致测量结果失准或失效。

（2）电极外壳为聚碳酸酯，测量样品前须确认样品溶液对该材料没有伤害。

（3）取下保护帽后要注意，在塑料保护栅内的敏感玻璃球泡不要与硬物接触，任何破损和擦毛都会使电极失效。

（4）电极使用完毕后，在电极保护瓶内添加适量 3.0mol/L 氯化钾溶液，将电极插入并使电极测量端完全浸没于氯化钾溶液中，关闭加液口，将电极放回包装盒室温保存。

（5）电极应避免长期浸在蒸馏水、蛋白质溶液和酸性氟化物溶液中，避免与有机硅油接触。

任务实施 ····→·→·→

一、配制试剂

按质控样证书的要求，配制质控样。

二、校正酸度计

溶液 pH 的测定

（1）在仪器的测量状态下，将清洗过的电极插入标准缓冲溶液，如 pH＝6.86（25℃）的标准缓冲溶液中，用温度计测出溶液的温度值，按"温度"键调节温度显示为该温度，按"确认"键。待读数稳定，按"定位"键，再按"确定"键，仪器自动识别当前标液并显示当前温度下的标准 pH 值，然后按"确定"键。

（2）再次清洗电极并插入另一标准缓冲溶液，如 pH＝9.18（25℃）的标准缓冲溶液中，用温度计测出溶液的温度值，按"温度"键，调节温度显示为该温度，按"确认"键。待读数稳定后，按"斜率"键，再按"确定"键，仪器自动识别当前标液并显示当前温度下的标准 pH 值。然后按"确定"键完成校正，仪器返回测量状态。

（3）pHS-3C 酸度计具有自动识别标准缓冲溶液的能力，可识别 pH＝4.00（25℃）、pH＝6.86（25℃）、pH＝9.18（25℃）三种标液，因此对于这三种标准缓冲溶液，按"定位"键或"斜率"键后，直接按"确定"键即可完成校正。

对于其他标准缓冲溶液，则需要手动校正。

如使用 pH＝6.80（25℃）和 pH＝3.95（25℃）两种标准缓冲溶液。将清洗过的电极插入 pH＝6.80 标准缓冲溶液中，用温度计测出溶液的温度值，并设置温度值。待读数稳定后，按"定位"键，调节"定位"键使 pH 显示为该温度下标准溶液的 pH 值，然后按"确定"键。再次清洗电极并插入 pH＝3.95 标准缓冲溶液中，用温度计测出溶液的温度值，并设置温度值。待读数稳定后，按"斜率"键，调节"斜率"键使 pH 显示为该温度下标准溶液的 pH 值，然后按"确定"键完成校正，仪器返回测量状态。

三、测量数据

（1）将试样溶液倒入烧杯中，插入 pH 复合电极，轻摇溶液以促使电极平衡。待酸度计稳定后，读数。同一试样平行测量 2 次。

（2）同样测定质控样。

 注意事项

（1）同一试样平行测量 2 次，测量值之差不大于 0.1pH 单位。

（2）在测定阳电荷性表面活性剂样品时，每次测量均需校准 pH 计。

（3）在校准前应特别注意待测溶液的温度，以便正确选择标准缓冲液，并调节温度补偿键，使其与待测溶液的温度一致。不同的温度下，标准缓冲溶液的 pH 值是不一样的，如表6-5所示。

表 6-5　标准缓冲溶液的 pH 值与温度关系对照表

温度/℃	0.05mol/L 邻苯二甲酸氢钾	0.025mol/L 混合物磷酸盐	0.01mol/L 四硼酸钠
5	4.00	6.95	9.39
10	4.00	6.92	9.33
15	4.00	6.90	9.28
20	4.00	6.88	9.23
25	4.00	6.86	9.18
30	4.01	6.85	9.14
35	4.02	6.84	9.11
40	4.03	6.84	9.07
45	4.04	6.84	9.04
50	4.06	6.83	9.03
55	4.07	6.83	8.99
60	4.09	6.84	8.97

四、关机和结束工作

（1）任务完毕，关闭酸度计电源开关，拔出电源插头。

（2）取出复合电极，蒸馏水清洗干净后套上电极帽，存放在盒内。

（3）清洗烧杯，晾干后妥善保存。

（4）清理实验工作台，填写仪器使用记录。

五、质控判断

将质控样测得的 pH 与质控样证书比较，如果超出其扩展不确定度范围，则本次检测无效，需要重新进行检测，若没超出其扩展不确定度范围，则本次检测有效。

任务实施记录 ---> ---> --->

填写表 6-6、表 6-7。

表 6-6　试剂准备

编号	名称	级别	数量	配制方法
备注				

表 6-7　表面活性剂水溶液 pH 的检测记录

记录编号			
样品名称		样品编号	
检验项目		检验日期	
检验依据		判定依据	
温度		相对湿度	

质控样标准物质编号：

质控样配制方法：

质控样证书含量：　　　　　扩展不确定度：

测定次数	1	2
质控样 pH		
平均值		

质控样含量		
本次检测	有效□;无效□	
试样 pH		
平均值		
检验人		复核人	

任务评价 ···›···›···›

填写任务评价表，见表 6-8。

表 6-8　任务评价表

序号	评价指标	评价要素	自评
1	pH 实用定义	能说明 pH 实用定义	
2	直接电位法测定溶液 pH 值	会选择恰当的校准缓冲溶液 能根据操作规程校准酸度计(两点法) 能说出直接电位测定溶液 pH 值的工作 电池组成及电池电动势表达式	
3	数据记录	能正确记录原始数据 有效数字符合标准规定	
4	质控判断	能进行质控 pH 计算 能进行检测有效性判断	

思考题

（一）简答题

1. 电位法测 pH 的原理是什么？

2. pH 电极寿命有多长？电极需多久校准一次？

（二）计算题

当下列电池中的溶液是 pH＝4.00 的标准缓冲溶液时，在 25℃测得电池电动势为 0.209V，当缓冲溶液由未知溶液代替时，测得电动势为 0.324V，计算该未知溶液的 pH。

$$玻璃电极 \mid H^+(a_{H^+}) \parallel SCE$$

项目七
直接电位法测定生活饮用水中的氟

氟是人体必需的微量元素之一,人体约 50% 的氟通过饮水摄入,适量的氟对人体有益,特别是对牙齿和骨骼的形成有重要作用。人体摄入氟不足,可诱发龋齿;过量摄入会导致氟斑牙,严重的引发氟骨症。因此,氟化物是我国生活饮用水常规检验指标。

氟化物的检验包括离子选择电极法、离子色谱法、氟试剂分光光度法等,本项目采用离子选择电极法。

任务一　识读检测标准及样品前处理

任务描述 ⇢⇢⇢⇢

依据《生活饮用水标准检验方法　第 5 部分:无机非金属指标》(GB/T 5750.5—2023),采用直接电位法测定生活饮用水中的氟。在仔细阅读、理解标准的基础上,准备所需的仪器、试剂,并对样品进行前处理。

任务目标 ⇢⇢⇢⇢

(1) 能从标准中获取工作要素。

(2) 会配制所需溶液。

(3) 会对样品进行前处理。

(4) 能阐明标准曲线法测定氟化物的原理。

(5) 能阐明氟离子选择电极的结构和工作原理。

(6) 培养自主学习和持续学习的意识。

（7）培养独立思考和解决问题的意识。

（8）具备规则意识和严谨的工作作风。

1. 仪器

聚乙烯瓶。

2. 试剂

硝酸。

一、测定氟化物的原理

以氟离子选择电极（简称氟电极）为指示电极，饱和甘汞电极（SCE）为参比电极，组成以下原电池：

$$SCE \parallel 试液 \mid 氟电极$$

$$E = K' - \frac{2.303RT}{F} \lg a_{F^-} \tag{7-1}$$

当溶液的总离子强度不变时，活度系数恒定，式(7-1)可改写为：

$$E = K' - \frac{2.303RT}{F} \lg c_{F^-} \tag{7-2}$$

电池电动势在一定条件下与氟离子浓度的负对数值成线性关系。$\frac{2.303RT}{F}$为该直线的斜率。以 E 为纵坐标、$-\lg c_{F^-}$ 为横坐标，绘制标准曲线，根据水样的电池电动势，可以直接求出水样中氟离子浓度。

二、氟离子选择电极的结构

氟离子选择电极的结构，如图 7-1、图 7-2 所示。

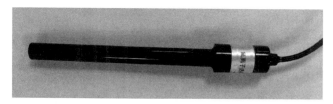

图 7-1　氟离子选择电极

氟离子选择电极的敏感膜为 LaF_3 单晶膜，为了改善导电性，晶体中还掺入少量的 EuF_2 和 CaF_2。单晶膜封在硬塑料管的一端，管内装有 0.1mol/L 的 NaCl 和 0.1mol/L 的 NaF 混合溶液作内参比溶液，以 Ag-AgCl 电极作内参比电极。氟电极使用的 pH 范围为 5～7。使用前，宜在 10^{-4}mol/L 或更低浓度的氟离子溶液中浸泡活化。

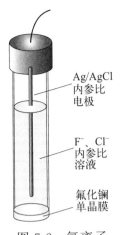

图 7-2　氟离子
选择电极的结构

任务实施 ⇢⇢⇢⇢

一、阅读与查找标准

仔细阅读《生活饮用水标准检验方法　第 5 部分：无机非金属指标》（GB/T 5750.5—2023）中的"氟化物—离子选择电极法—标准曲线法"部分，找出该方法的适用范围、检测下限、干扰、方法原理、精密度和准确度等内容，并列出所需的其他相关标准。将查找结果填入表 7-1。

二、试剂配制

硝酸（10%）：量取 159mL 硝酸，稀释至 1000mL。

三、试样前处理

本项目所分析样品为末梢水，依据为《生活饮用水标准检验方法　第 2 部分：水样的采集与保存》（GB/T 5750.2—2023）。

（1）采样容器：将聚乙烯瓶用水和洗涤剂清洗，除去灰尘和油垢后用自来水冲洗干净，然后用质量分数为 10% 的硝酸浸泡 8h 以上，取出沥净后用自来水冲洗 3 次，并用纯水充分淋洗干净。

（2）采样方法：采样点设置在用户的水龙头处，先放水数分钟，排除沉积物，特殊情况可适当延长放水时间。采样前应先用待采集的水样荡洗采样器、容器和塞子 2～3 次，然后采样 3～5L。

（3）保存方法：0～4℃冷藏、避光保存于洁净聚乙烯瓶中。

任务实施记录 ⇢⇢⇢⇢

填写表 7-1。

表 7-1 识读检测标准及样品前处理记录

记录编号			
一、阅读与查找标准			
方法原理			
相关标准			
检测限			
准确度		精密度	
二、标准内容			
适用范围		限值	
定量公式		性状	
三、试样前处理			
采集			
保存			
检验人		复核人	

任务评价

填写任务评价表，见表 7-2。

表 7-2 任务评价表

序号	评价指标	评价要素	自评
1	阅读与查找标准	标准名称 相关标准的完整性 适用范围 检验方法 方法原理 检出限 准确度 精密度	
2	试样前处理	样品采集 样品保存	

思考题

1. 氟离子选择电极的敏感膜为（　　　　），属于（　　　　　）电极。内参比溶液是（　　　　　　），内参比电极是（　　　　　　　）；氟电极使用的 pH 范围为（　　　）。

2. 标准曲线法测定氟化物，以（　　　　　　　）为指示电极，（　　　　　　　）为参比电极，组成测量电池，电池电动势在一定条件下与（　　　　　　　）成线性关系，25℃时其表达式为 $E=$（　　　　　　　）。以所测得（　　　　　　　）为纵坐标，以浓度 c 的负对数 $-\lg c_{F^-}$ 为（　　　　　　　），绘制标准曲线；根据待测溶液的电池电动势，查得其浓度值。

任务二　测定生活饮用水中的氟（标准曲线法）

任务描述 ⇢⇢⇢⇢⇢

　　依据《生活饮用水标准检验方法　第 5 部分：无机非金属指标》（GB/T 5750.5—2023）中离子选择电极法测定生活饮用水中的氟，使用标准曲线法对氟进行定量分析。

任务目标 ⇢⇢⇢⇢⇢

　　（1）会根据标准配制所需溶液。

　　（2）会测定电池电动势。

　　（3）会维护和保养电极。

　　（4）会填写原始记录表。

　　（5）会处理标准曲线法的数据。

　　（6）能概述标准曲线法的定量依据、适用范围及注意事项。

　　（7）能说出总离子强度调节缓冲溶液的组成和作用。

　　（8）培养安全意识。

　　（9）培养实事求是、精益求精的科学精神。

　　（10）具备严谨、仔细、认真的职业素养。

　　（11）培养数据溯源的意识。

仪器、试剂 ⇢⇢⇢⇢⇢

1. 仪器

　　（1）氟离子选择电极和饱和甘汞电极。

（2）离子活度计或精密酸度计。

（3）电磁搅拌器。

（4）塑料烧杯。

2. 试剂

（1）冰醋酸。

（2）氢氧化钠溶液（400g/L）。

（3）盐酸（1+1）溶液。

（4）五水合柠檬酸三钠。

（5）氯化钠。

（6）氟化钠：标准物质。

（7）氟质控样：标准样品。

知识链接 ᠁᠁᠁

一、测量方法介绍

通常采用标准曲线法测定水中的氟。氟电极与饱和甘汞电极组成一对原电池，利用电动势与离子活度负对数值的线性关系直接求出水样中氟离子浓度。标准曲线如图 7-3 所示。

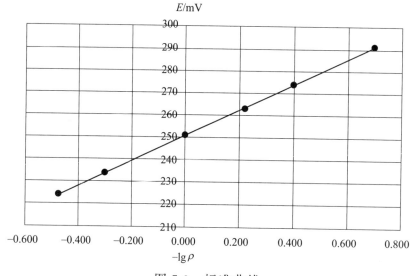

图 7-3 标准曲线

标准曲线法操作步骤：①配制一系列不同浓度的含待测离子（如 F^-）的标准溶液，在标准溶液和待测溶液中加入总离子强度调节缓冲溶液（简称 TIS-

AB），确保定容后各溶液中 TISAB 具有相同浓度；②在相同条件下，插入同一对指示电极和参比电极，分别测定各溶液的电池电动势 E；③以标准溶液的 E 为纵坐标，以浓度 c 的对数（或负对数值）为横坐标，绘制标准曲线；④由待测溶液的 E_x，从标准曲线查出被测试液的 $\lg c_x$，换算为 c_x。

测定氟含量时，温度、pH 值、离子强度、共存离子均会影响测定的准确度。

二、总离子强度调节缓冲溶液的作用

（1）维持试液和标准溶液恒定的离子强度。

（2）保持试液在离子选择电极适合的 pH 范围内，避免 H^+ 或 OH^- 的干扰。

（3）消除对被测离子的干扰。

例如，用氟离子选择电极测定水中氟所加入的 TISAB 组成为 NaCl（1mol/L）、HAc（0.25mol/L）、NaAc（0.75mol/L）及柠檬酸钠（0.001mol/L）。其中，NaCl 溶液用于调节离子强度；HAc-NaAc 组成缓冲体系，使溶液 pH 值保持在氟离子选择电极适宜的范围之内；柠檬酸作为掩蔽剂，消除 Fe^{3+}、Al^{3+} 的干扰。

值得注意的是，所加入的 TISAB 中不能含有能被所用的离子选择电极所响应的离子。

三、电极的使用和维护注意事项

1. 饱和甘汞电极

（1）电极在使用时，电极上下端的橡胶塞和橡胶帽应拔去，以防止产生扩散电位影响测试结果，使用完毕后应重新戴上。

（2）电极使用前要进行以下检查：

① 电极内的盐桥溶液的液位应保持足够的高度（以浸没内电极为宜），不足时要补加。

② 使用前要检查电极下端液络部是否畅通。

检查方法：先将电极外部擦干，然后用滤纸紧贴液络部下端片刻，若滤纸上出现湿印，则证明未堵塞。

③ 电极内的盐桥溶液中不能有气泡，以防止测量电池电动势的电路断路。

④ 电极内盐桥应保留少许氯化钾晶体，以保证饱和的要求。

（3）安装电极时，电极应垂直置于溶液中，内参比溶液的液面应高于待测溶液的液面，以防止待测溶液向电极内渗透。

（4）当电极外壳上附有盐桥溶液或晶体时，应随时除去。

（5）每隔一段时间，将盐桥溶液换装一次。

（6）饱和甘汞电极的使用温度为 $0\sim70℃$。饱和甘汞电极在温度改变时常显示出滞后效应（如温度改变 $8℃$ 时，3h 后电极电位仍偏离平衡电位 $0.2\sim0.3mV$），因此不宜在温度变化太大的环境中使用。

（7）若甘汞电极内管甘汞糊状物出现黑色时，说明电极已失效，不宜再使用。

（8）当待测溶液中含有 Ag^+、S^{2-}、Cl^- 及高氯酸等物质时，应采用双盐桥式饱和甘汞电极，第二节盐桥装入适当的惰性电解质（如 NH_4NO_3 或 KNO_3）溶液后，再装上使用，以保证测试结果的准确性。

2. 氟电极

（1）氟电极在测定试样与标准溶液时，应用磁力搅拌器进行均匀搅拌，试样与标准溶液的搅拌速度应保持相同。

（2）氟电极使用时，在纯水中与饱和甘汞电极组成电极对，电位值达 $320mV$（取仪器显示电位值的绝对值）后才能正常使用。

（3）氟电极在测定时，试样和标准溶液应保持在同一温度。

（4）在测量时，氟电极用纯水清洗后，应用滤纸擦干后进行测量，以防止引起测量误差。

（5）氟电极使用完毕后建议用纯水清洗至 $320mV$ 后干放保存，这样可以延长氟电极使用寿命，保持电极的良好性能。

任务实施 →→→→→

一、准备仪器及设备

按照图 7-4 安装氟离子测定装置，检查仪器各部件连接情况，开机预热 20min。

氟离子选择电极的准备如下。

（1）使用前在 $10^{-4}mol/L$ 或更低浓度的氟离子溶液中浸泡活化。

（2）使用时，洗净后放入装有纯水的烧杯中洗至电极的纯水电位（洗涤过程中需要换水），一般电池电动势在 $320mV$ 左右。

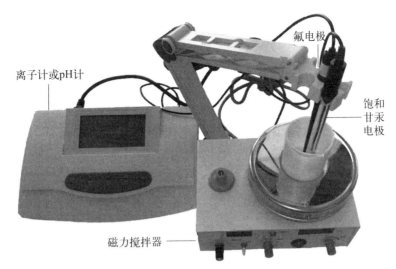

图 7-4　氟离子测定装置

二、配制溶液

配制以下溶液并填入表 7-3 和表 7-4。

（1）离子强度缓冲液Ⅰ：称取 348.2g 五水合柠檬酸三钠，溶于纯水中。用盐酸（1+1）溶液调节 pH 为 6 后，用纯水稀释至 1000mL。

（2）离子强度缓冲液Ⅱ：称取 59g 氯化钠、3.48g 五水合柠檬酸三钠和 57mL 冰醋酸，溶于纯水中，用氢氧化钠溶液（400g/L）调节 pH 为 $5.0\sim5.5$ 后，用纯水稀释至 1000mL。

（3）氟化物标准储备溶液（$\rho_{F^-}=1.000\text{mg/mL}$）：称取经 105℃ 干燥 2h 的基准氟化钠 0.2210g，溶解于纯水中，并稀释定容至 100mL。储存于聚乙烯瓶中。

（4）氟化物标准使用溶液（$\rho_{F^-}=10.0\mu\text{g/mL}$）（临用时配制）：吸取氟化物标准储备溶液 5.00mL 于 500mL 容量瓶中，稀释定容。

（5）配制含氟样品：吸取 10.00mL 水样于 50mL 烧杯中。若水样总离子强度过高，应取适量水样稀释到 10mL。样品平行测定 2 份。

（6）配制质控样：按质控样证书的要求，配制质控样。然后吸取 10.00mL 质控样于 50mL 烧杯中。

（7）加离子强度缓冲液：为保持溶液的离子强度相对稳定，于水样和质控样中加 10mL 离子强度缓冲液（水样中干扰物质较多时用离子强度缓冲液Ⅰ，较清洁水样用离子强度缓冲液Ⅱ）。

（8）配制含氟标准系列溶液：分别吸取 10.0μg/mL 氟化物标准使用溶液 0.00mL、0.20mL、0.40mL、0.60mL、1.00mL、2.00mL 和 3.00mL 于 50mL 烧杯中，

各加纯水至 10mL。加入与水样相同的离子强度缓冲液Ⅰ或离子强度缓冲液Ⅱ。

三、测量数据

测量氟标准系列溶液、含氟样品、质控样的电池电动势：放入搅拌转子，于电磁搅拌器上搅拌，插入氟电极和饱和甘汞电极，在搅拌下读取平衡电位值（指每分钟电位值改变小于 0.5mV，当氟化物浓度甚低时，需 5min 以上）。将数据填入表 7-4 和表 7-5。

注意事项

（1）工作过程中，电磁搅拌器必须保持干燥，否则容易短路。

（2）测量时应该使用塑料烧杯，按氟离子浓度由稀至浓的顺序测量，每次测量前要用被测试液润洗烧杯及搅拌转子。

（3）测定一系列标准溶液后，应将电极清洗至原空白电位值，然后再测定未知试液的电位值。

（4）标准系列溶液与水样的测定应保持温度一致。

（5）安装电极时，氟离子选择电极的下端要高于参比电极下端。

（6）氟电极暂不使用时，宜放入盒中保存，使用时重新处理。

四、关机和结束工作

（1）任务完毕，关闭酸度计、搅拌器电源开关，拔出电源插头。

（2）取出氟电极和饱和甘汞电极，用蒸馏水清洗干净后套上电极帽，存放在盒内。

（3）清洗试杯，晾干后妥善保存。

（4）清理实验工作台，填写仪器使用记录。

五、处理数据

（1）计算标准系列溶液中氟的质量浓度，单位采用 mg/L。

（2）以氟的质量浓度的对数值对应电位值，计算一元线性回归方程（或绘制 $\lg\rho_{F^-}$-E 标准曲线）。

（3）计算样品浓度：将试样溶液电位值代入回归方程求出质量浓度，然后计算原水样的质量浓度。

（4）计算质控样浓度：将质控样电位值代入回归方程求出质量浓度，根据质控样在检测时加入辅助试剂后的体积变化，计算原始质控样的含量。

六、质控判断

将计算所得的原始质控样含量与质控样证书比较，如果超出其扩展不确定度范围，则本次检测无效，需要重新进行检测，若没超出其扩展不确定度范围，则本次检测有效。

任务实施记录 ⇨ ⇨ ⇨

填写表 7-3、表 7-4 和表 7-5。

表 7-3　配制试样及标准系列

溶液名称	试剂名称	质量或体积	稀释体积
离子强度缓冲液Ⅰ	五水合柠檬酸三钠		
离子强度缓冲液Ⅱ	氯化钠		
	五水合柠檬酸三钠		
	冰醋酸		
氟化物标准储备溶液	氟化钠		
氟化物标准使用溶液	氟化物标准储备溶液		

表 7-4　生活饮用水中氟的检测原始记录

记录编号			
样品名称		样品编号	
检验项目		检验日期	
检验依据		判定依据	
温度		相对湿度	

质控样标准物质编号：

	序号	1	2	3	4	5	6	7	8
工作曲线	标准使用溶液体积								
	质量浓度								
	$\lg\rho$								
	平衡电位值								
	回归方程								
	相关系数	$r=$							
计算公式									
检验人				复核人					

表 7-5　离子选择电极法检验原始记录

	样品名称及编号	取样量	体积	平衡电位值	$\lg \rho$	质量浓度	平均值
检测结果							

	质控样	质控样配制方法： 质控样证书含量：　　　　扩展不确定度：		
		质控样含量		
		本次检测	有效□；无效□	

任务评价 --→--→--→

填写任务评价表，见表 7-6。

表 7-6　任务评价表

序号	评价指标	评价要素	自评
1	根据标准配制相关溶液	规范配制总离子强度调节缓冲溶液 规范配制含氟标准系列溶液 规范配制含氟样品	
2	直接电位法测定溶液电动势	会连接电极和离子计 会离子选择电极法测定溶液电池电动势 能说出标准曲线法定量依据	
3	数据记录	能正确记录原始数据 有效数字符合标准规定	
4	数据处理	说出数据有效性判断方法 说出回归方程的计算过程 会确认相关系数 正确判断标准曲线线性	
5	质控判断	质控浓度计算 检测有效性判断	

（一）选择题

1. 用氟离子选择电极测定水中的氟离子（含微量 Fe^{3+}、Al^{3+}），加入 TISAB，其中柠檬酸钠的作用是（　　）。

A. 控制溶液的 pH 在一定范围

B. 使标液与试液的离子强度保持一致

C. 掩蔽 Fe^{3+}、Al^{3+} 干扰离子

D. 加快响应时间

2. 下列对氟离子选择电极产生干扰的离子是（　　）。

A. NO_3^- 　　　　　B. SO_4^{2-} 　　　　　C. OH^- 　　　　　D. Cl^-

（二）简答题

1. 在直接电位法测定离子浓度的实验中，加入 TISAB 的作用是什么？

2. 饱和甘汞电极在使用前要做哪些准备工作？

项目八
电位滴定法测定黄酒中的总糖含量

黄酒是以稻米、黍米、小米、玉米、小麦、水等为主要原料，经加曲和/或部分酶制剂、酵母等糖化发酵剂酿制而成的发酵酒。糖是黄酒的主要成分之一，糖分的含量是区分黄酒品种的一项重要指标。

本项目依据《黄酒》（GB/T 13662—2018），采用费林试剂-间接碘量电位滴定法检测黄酒中的总糖含量。通过学习电位滴定法测定黄酒中的总糖含量，达到掌握电位滴定法的原理及操作方法等目的。

任务一　识读检测标准及样品前处理

任务描述

依据《黄酒》（GB/T 13662—2018），采用费林试剂-间接碘量电位滴定法对黄酒中的总糖进行检测，在仔细阅读、理解标准的基础上，准备所需的仪器、试剂，并对样品进行前处理。

任务目标

（1）会从标准中获取工作要素。

（2）会查找方法检出限、精密度。

（3）会进行样品前处理。

（4）能阐明电位滴定法的基本原理。

（5）培养独立思考和解决问题的意识。

（6）培养自主学习和持续学习的意识。

（7）培养归纳总结的能力。

（8）培养安全防护意识。

仪器、试剂

1. 仪器

（1）电子天平：0.01g。

（2）水浴锅。

2. 试剂

（1）中性乙酸铅[$Pb(CH_3COO)_2 \cdot 3H_2O$]。

（2）磷酸氢二钠。

（3）浓盐酸。

（4）氢氧化钠。

知识链接

电位滴定法是在滴定过程中，根据标准溶液的体积和指示电极的电位变化来确定终点的方法。

进行滴定时，在待测溶液中插入一支对待测离子或滴定剂有电位响应的指示电极，并与参比电极组成工作电池。随着滴定剂的加入，待测离子与滴定剂之间发生化学反应，导致待测离子浓度不断变化，指示电极电位也相应发生变化。在化学计量点附近，待测离子浓度发生突变，指示电极的电位也相应发生突变。因此，通过测量电池电动势的变化，可以确定滴定终点。最后根据滴定剂浓度和终点时滴定剂消耗体积计算试液中待测组分含量。

电位滴定法不同于直接电位法。直接电位法是以所测得的电池电动势（或其变化量）作为定量参数，因此其测量值的准确与否直接影响定量分析结果。电位滴定法测量的是电池电动势的变化情况，它不以某一电动势的变化量作为定量参数，只根据电动势变化情况确定滴定终点，其定量参数是滴定剂的体积，因此，在直接电位法中影响测定的一些因素（如不对称电位、液接电位、电动势测量误差等）不会影响电位滴定法的定量结果。

电位滴定法与化学分析滴定法的区别是终点指示方法不同。普通的化学分析滴定法是利用指示剂颜色的变化来指示滴定终点；电位滴定法是利用电池电动势的突跃来指示终点。因此，电位滴定虽然没有用指示剂确定终点那样方便，但可以用于浑浊、有色溶液以及找不到合适指示剂的滴定分析中。另外，电位滴定的一个特点是可以连续滴定和自动滴定。

任务实施 ⇢ ⇢ ⇢ ⇢

一、阅读与查找标准

仔细阅读《黄酒》（GB/T 13662—2018），找出方法的适用范围、方法原理和精密度等内容，并列出所需的其他相关标准。将查找结果填入表 8-1。

二、试剂配制

（1）中性乙酸铅（近饱和）溶液（500g/L）：称取中性乙酸铅 250g，加沸水至 500mL，搅拌至全部溶解。

（2）磷酸氢二钠溶液（70g/L）：称取 70g 磷酸氢二钠，用水溶解并定容至 1000mL。

（3）盐酸溶液（6mol/L）：量取浓盐酸 50mL，加水稀释至 100mL。

（4）氢氧化钠溶液（500g/L）：称取氢氧化钠 50g，用水溶解并定容至 100mL。

三、试样前处理

准确吸取一定量的试样（控制水解液含糖量在 1～5g/L）于 100mL 容量瓶中，加水至 50mL，混匀后加入 2mL 中性乙酸铅溶液，摇匀，静置 5min 后加入 3mL 磷酸氢二钠溶液，摇匀，用水定容至 100mL，放置至试样澄清。准确吸取 10mL 试样上层清液于烧杯中，加入 5mL 盐酸溶液和 5mL 水，于 68℃±1℃水浴 15min，冷却后，用氢氧化钠溶液调至 pH 为 6～8。平行 2 次。

任务实施记录 ⇢ ⇢ ⇢ ⇢

填写表 8-1。

表 8-1　识读检测标准及样品前处理记录

记录编号	
一、阅读与查找标准	
方法原理	

相关标准		
精密度		
二、标准内容		
适用范围		
定量公式		
三、试样前处理		
序号	1	2
V_1/mL		
定容/mL		
检验人		复核人	

任务评价 ➡➡➡➡

填写任务评价表，见表 8-2。

表 8-2　任务评价表

序号	评价指标	评价要素	自评
1	阅读与查找标准	方法原理 精密度	
2	试样前处理	容量瓶使用 水浴加热	

思考题

（一）选择题

1. 电位滴定法与化学分析滴定法的不同点是（　　　）。

A. 滴定方法不同

B. 确定终点的方法不同

C. 使用的标准滴定溶液不同

D. 指示剂不同

2. 电位滴定法中，定量的参数是（　　　）。

A. 参与反应物质的总浓度

B. 滴定剂的体积

C. 电池电动势的突变值

D. 电池电动势的变化量

任务二　测定黄酒中的总糖含量

任务描述 ⇢⇢⇢

依据《黄酒》（GB/T 13662—2018），采用费林试剂-间接碘量电位滴定法对黄酒中的总糖含量进行测定。学会电位滴定法中滴定终点的确定和数据处理。

任务目标 ⇢⇢⇢

（1）会配制所需的溶液。

（2）会组装手动电位滴定装置。

（3）会填写原始记录表格。

（4）能概述电位滴定法的装置和电极。

（5）会确定电位滴定法的终点。

（6）会进行电位滴定法数据处理。

（7）培养安全意识。

（8）培养实事求是、精益求精的科学精神。

（9）具备严谨、仔细、认真的职业素养。

（10）培养数据溯源的意识。

仪器、试剂 ⇢⇢⇢

1. 仪器

（1）电子天平：0.01g、0.0001g。

（2）复合铂电极。

（3）离子计（或酸度计）。

（4）滴定管：25mL。

（5）电磁搅拌器。

（6）电炉：300～500W。

2. 试剂

（1）硫酸铜（$CuSO_4 \cdot 5H_2O$）。

（2）酒石酸钾钠（$NaKC_4H_4O_6 \cdot 4H_2O$）。

（3）氢氧化钠。

（4）无水葡萄糖。

（5）硫代硫酸钠。

（6）无水碳酸钠。

（7）浓硫酸。

（8）浓盐酸。

（9）碘化钾。

（10）质控样：标准样品。

知识链接 ⇢⇢⇢⇢

一、电位滴定装置

电位滴定的基本仪器装置如图 8-1 所示。

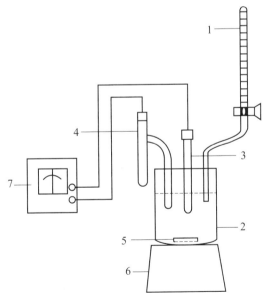

图 8-1　电位滴定装置示意图

1—滴定管；2—滴定池；3—指示电极；4—参比电极；5—搅拌转子；6—电磁搅拌器；7—电位计

1. 滴定管

根据被测物质含量的高低，可选用常量滴定管或微量滴定管、半微量滴定管。

2. 电极

（1）指示电极。电位滴定法在滴定分析中应用广泛，可用于酸碱滴定、沉淀滴定、氧化还原滴定及配位滴定。不同滴定类型需要选用不同的指示电极，表8-3列出各类滴定常用的电极和电极预处理方法，以供参考。

表8-3　各类滴定常用电极

| 序号 | 滴定类型 | 电极系统 | | 预处理 |
		指示电极	参比电极	
1	酸碱滴定（水溶液中）	玻璃电极	饱和甘汞电极	玻璃电极：使用前须在水中浸泡24h以上，使用后立即清洗并浸于水中保存
		锑电极	饱和甘汞电极	锑电极：使用前用砂纸将表面擦亮，使用后应冲洗并擦干
2	氧化还原滴定	铂电极	饱和甘汞电极	铂电极：使用前应注意电极表面不能有油污物质，必要时可在丙酮或硝酸溶液中浸洗，再用水洗涤干净
3	沉淀滴定（银量法）	银电极	饱和甘汞电极（双盐桥式）	①银电极：使用前应用细砂纸将表面擦亮后浸入含有少量硝酸钠的稀硝酸（1＋1）溶液中，直到有气体放出为止，取出用水洗干净。②双盐桥式饱和甘汞电极：盐桥套管内装适当的惰性电解质（如硝酸钾、硝酸铵）溶液。其他注意事项与饱和甘汞电极相同
4	EDTA配位滴定	金属基电极离子选择电极	饱和甘汞电极	

（2）参比电极。电位滴定中的参比电极一般选用饱和甘汞电极。实际工作中应使用产品分析标准规定的指示电极和参比电极。

3. 高阻抗毫伏计

高阻抗毫伏计可用酸度计或离子计代替。

二、滴定终点的确定

1. 实验方法

进行电位滴定时，先称取一定量试样并将其制备成试液。然后选择一对合适的电极，经适当的预处理后，浸入待测试液中，并按图8-1连接组装好装置。开启电磁搅拌器和毫伏计，先读取滴定前试液的电位值（读数前要关闭搅拌器），然后开始滴定。滴定过程中，每加一次一定量的滴定溶液就应测量一次电动势或 pH，滴定刚开始时可快些，测量间隔可大些。不同的滴定管，测量间隔不相同，如使用 50mL 滴定管进行电位滴定，可每次滴入 5mL 标准滴定溶液测量一次，当标准滴定溶液滴入约为所需滴定体积的 90% 的时候，测量间隔要小些，滴定进行至化学计量点前后时，建议每滴加 0.1mL 标准滴定溶液测量一次电池电动势或 pH，直至变化不大为止。记录每次滴加标准滴定溶液后滴定管相应读数及测得的电动势或 pH。根据所测得的一系列电动势或 pH 以及相应的滴定消耗的体积确定滴定终点。表 8-4 内所列的是以银电极为指示电极，饱和甘汞电极为参比电极，用 0.1000mol/L $AgNO_3$ 溶液滴定 NaCl 溶液的实验数据。

表 8-4   以 0.1000mol/L $AgNO_3$ 溶液滴定含 Cl^- 溶液实验数据

V/mL	E/V	$\Delta E/\Delta V$	$\Delta^2 E/\Delta V^2$
5.00	0.0630		
15.00	0.0852		
20.00	0.1051		
22.00	0.1192		
24.00	0.1494		
24.30	0.1595		
24.50	0.1694		
24.60	0.1763		
24.70	0.1856		
		0.147	
24.80	0.2003		2.30
		0.377	
24.90	0.2380		4.07
		0.784	
25.00	0.3164		−5.56
		0.228	
25.10	0.3392		−1.09
		0.119	
25.20	0.3511		−0.39
		0.080	
25.30	0.3591		
25.40	0.3652		
25.50	0.3702		
25.70	0.3778		
26.00	0.3862		

2. 终点的确定方法

电位滴定终点的确定方法通常有三种，即 E-V 曲线法、$\dfrac{\Delta E}{\Delta V}$-V 曲线法和二阶微商法。

（1）$E-V$ 曲线法。以加入滴定剂的体积 V 为横坐标，以相应的电动势 E 为纵坐标，绘制 $E-V$ 曲线。$E-V$ 曲线上的拐点（曲线斜率最大处）所对应的滴定体积即为终点时滴定剂所消耗的体积（V_{ep}）。拐点位置的确定方法：做两条与横坐标成 45°的 $E-V$ 曲线的平行切线，并在两条切线间做一条与两切线等距离的平行线（见图 8-2），该线与 $E-V$ 曲线交点即为拐点。$E-V$ 曲线法适用于滴定曲线对称的情况，而对滴定突跃不十分明显的体系误差大。

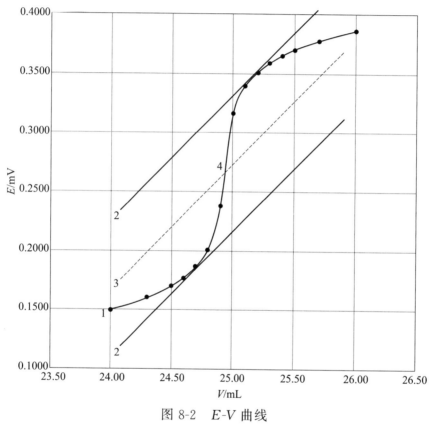

图 8-2　$E-V$ 曲线

1—滴定曲线；2—切线；3—平行等距离线；4—滴定终点

（2）$\dfrac{\Delta E}{\Delta V}$-$V$ 曲线法。此法又称一阶微商法，$\dfrac{\Delta E}{\Delta V}$ 是 E 的变化值与相应的加入标准滴定溶液体积的增量之比。如表 8-4 中，在加入 $AgNO_3$ 体积为 24.70mL 和 24.80mL 之间，$\dfrac{\Delta E}{\Delta V}$ 为

$$\frac{\Delta E}{\Delta V}=\frac{0.2003-0.1856}{24.80-24.70}=0.147$$

其对应的体积 $\qquad V = \overline{V} = \dfrac{24.80 + 24.70}{2} = 24.75 \text{mL}$

将 $\dfrac{\Delta E}{\Delta V}$ 对 V 作图，可得到一峰状曲线，见图 8-3，曲线最高点由实验点连线外推得到，其对应的体积为滴定终点时标准滴定溶液所消耗的体积（即 V_{ep}）。用此法作图确定终点比较准确，但过程较复杂。

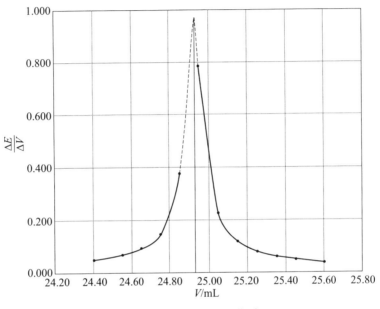

图 8-3　$\Delta E / \Delta V$-V 曲线

（3）二阶微商法。此法依据是一阶微商曲线的极大点对应的是终点体积，则二阶微商（$\dfrac{\Delta^2 E}{\Delta V^2}$）等于零处对应的体积也是终点体积。二阶微商法有作图法和计算法两种。

① 计算法：表 8-4 中，加入 $AgNO_3$ 体积为 24.90mL 时：

$$\dfrac{\Delta^2 E}{\Delta V^2} = \dfrac{\left(\dfrac{\Delta E}{\Delta V}\right)_{24.95} - \left(\dfrac{\Delta E}{\Delta V}\right)_{24.85}}{\overline{V}_{24.95} - \overline{V}_{24.85}} = \dfrac{0.784 - 0.377}{24.95 - 24.85} = 4.07$$

同理，加入 $AgNO_3$ 体积为 25.00mL 时：

$$\dfrac{\Delta^2 E}{\Delta V^2} = \dfrac{0.228 - 0.784}{25.05 - 24.95} = -5.56$$

则终点必然在 $\dfrac{\Delta^2 E}{\Delta V^2}$ 为 +4.07 和 -5.56 所对应的体积之间，即在 24.90～

25.00mL 之间。可以用内插法计算，即

滴定体积/mL   24.90 V_{ep} 25.00

$\dfrac{\Delta^2 E}{\Delta V^2}$ +4.07   0   −5.56

$$\frac{25.00-24.90}{-5.56-4.07}=\frac{V_{ep}-24.90}{0-4.07}$$

$$V_{ep}=24.94\text{mL}$$

② $\dfrac{\Delta^2 E}{\Delta V^2}$-V 曲线法。以 $\dfrac{\Delta^2 E}{\Delta V^2}$ 对 V 作图，得图 8-4 曲线，曲线最高点与最低点连线与横坐标的交点即为滴定终点体积。

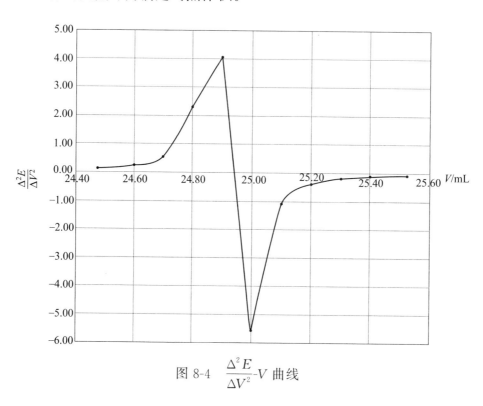

图 8-4 $\dfrac{\Delta^2 E}{\Delta V^2}$-V 曲线

任务实施 ⇢ ⇢ ⇢

一、配制溶液

（1）费林甲液：称取五水硫酸铜 69.8g，加水溶解并定容至 1000mL。

（2）费林乙液：称取酒石酸钾钠 346g 及氢氧化钠 100g，加水溶解并定容至

1000mL，摇匀，过滤，备用。

（3）葡萄糖标准溶液（2.5g/L）：称取经 103～105℃烘干至恒重的无水葡萄糖 2.5g（精确至 0.0001g），加水溶解，并加浓盐酸 5mL，再用水定容至 1000mL。

（4）硫代硫酸钠溶液[c（$Na_2S_2O_3 \cdot 5H_2O$）＝0.1mol/L]：称取 26g 五水合硫代硫酸钠，加 0.2g 无水碳酸钠，溶于 1000mL 水中，缓缓煮沸 10min，冷却，放置 2 周后过滤，备用。

（5）硫酸（1＋5）溶液：按体积比 1：5 的比例用水稀释浓硫酸。

（6）碘化钾溶液（200g/L）：称取碘化钾 20g，用水溶解并定容至 100mL。

（7）配制质控样：按质控样证书的要求，配制质控样。

二、仪器准备

（1）在洁净的 150mL（或 100mL）烧杯中加入 50mL 纯水，置于电磁搅拌器上。

（2）旋松复合铂电极保护瓶瓶盖，拔出电极，用纯水洗净置于电极夹上，并将插头与离子计的插孔连接好。

（3）检查仪器各部件连接情况，开机预热 20min。

（4）洗净 25mL 滴定管，用硫代硫酸钠溶液润洗后加满并调零。

注意事项

（1）加液型的复合铂电极，测量时应取下加液孔塞子。

（2）注意不要用力摩擦复合铂电极敏感元件的表面。

（3）复合铂电极经长期使用后，敏感元件污染会导致测量不准和响应慢，此时可用下列方法进行清洗活化：

① 对无机物污染，可将电极浸入 0.1mol/L 稀盐酸中 30min，用纯水洗净，再浸入电极浸泡液中 6h 后使用；

② 对有机油污和油膜污染，可用洗涤剂清洗敏感元件后，用纯水洗净，再浸入电极浸泡液中 6h 后使用；

③ 敏感元件污染严重，表面形成氧化膜或还原膜，可用较细的金相砂纸（04# 或 05#），对敏感元件表面进行抛光，然后用纯水洗净，再浸入电极浸泡液中 6h 后使用。

三、数据测定

1. 葡萄糖标准溶液的滴定

准确吸取葡萄糖标准溶液 10.00mL、费林甲液和费林乙液各 5.00mL 于 150mL 烧杯中，加入 20mL 水，煮沸 2min，冷却后加入 10mL 碘化钾溶液、5mL 硫酸溶液，在合适的搅拌转速下用硫代硫酸钠溶液进行电位滴定，根据电动势随硫代硫酸钠溶液消耗体积的变化确定滴定终点。

2. 试样滴定

在制备好的试样中准确加入费林甲液、费林乙液各 5.00mL，煮沸 2min，冷却后加入 10mL 碘化钾溶液和 5mL 硫酸溶液，在合适的搅拌转速下用硫代硫酸钠溶液进行电位滴定，根据电动势随硫代硫酸钠溶液消耗体积的变化确定滴定终点。

3. 空白试验

准确吸取费林甲液和费林乙液各 5.00mL 于 150mL 烧杯中，加 30mL 水，煮沸 2min，冷却后加入 10mL 碘化钾溶液和 5mL 硫酸溶液，在合适的搅拌转速下用硫代硫酸钠溶液进行电位滴定，根据电动势随硫代硫酸钠溶液消耗体积的变化确定滴定终点。

4. 质控样滴定

吸取一定量的质控样于 150mL 烧杯中，以与试样完全相同的步骤、试剂和用量进行测定。

四、关机和结束工作

（1）关闭仪器和搅拌器电源开关。
（2）将复合铂电极用纯水冲洗干净，插进保护瓶并旋紧瓶盖。
（3）清洗滴定管、烧杯并放回原处。
（4）清理实验工作台，填写仪器使用记录。

五、处理数据

根据滴定终点体积，分别计算质控样和试样中的总糖含量。
总糖的含量用式(8-1) 计算：

$$\rho_x = \frac{V_3 - V_2}{V_3 - V_1} \times \rho_s \times n \tag{8-1}$$

式中　ρ_x——试样中总糖含量，g/L；

V_1——葡萄糖标准溶液测定时，消耗硫代硫酸钠溶液的体积，mL；

V_2——试样测定时，消耗硫代硫酸钠溶液的体积，mL；

V_3——空白试验时，消耗硫代硫酸钠溶液的体积，mL；

ρ_s——葡萄糖标准溶液的浓度，g/L；

n——样品稀释倍数。

结果以两次测定值的算术平均值表示，计算结果保留至小数点后一位。

六、质控判断

将质控样检测结果与质控样证书比较，如果超出其不确定度范围，则本次检测无效，需要重新进行检测；若没超出其不确定度范围，则本次检测有效。

任务实施记录 ⇢⇢⇢⇢

填写表 8-5 和表 8-6。

表 8-5　黄酒中总糖的检测记录

记录编号			
样品名称		样品编号	
检验项目		检验日期	
检验依据		判定依据	
温度		相对湿度	

质控样标准物质编号：

一、葡萄糖标准溶液的配制		
m/g	V/mL	ρ_s/(g/L)

二、质控样测定	
质控样配制方法：	
质控样证书含量：	扩展不确定度：
质控样含量	
本次检测	有效□；无效□

三、试样测定		
序号	1	2
试样含量/(g/L)		
检验人		复核人	

表 8-6 黄酒中总糖测定的滴定数据记录

一、葡萄糖标准溶液的滴定

$V_{吸取}$/mL			
V/mL	E/mV	$\Delta E/\Delta V$	$\Delta^2 E/\Delta V^2$
滴定终点/mL			

二、试样 1 滴定

$V_{吸取}$/mL			
V/mL	E/mV	$\Delta E/\Delta V$	$\Delta^2 E/\Delta V^2$
滴定终点/mL			

三、试样 2 滴定

$V_{吸取}$/mL			
V/mL	E/mV	$\Delta E/\Delta V$	$\Delta^2 E/\Delta V^2$
滴定终点/mL			

四、空白滴定

$V_{吸取}$/mL			
V/mL	E/mV	$\Delta E/\Delta V$	$\Delta^2 E/\Delta V^2$
滴定终点/mL			

五、质控样滴定

$V_{吸取}$/mL			
V/mL	E/mV	$\Delta E/\Delta V$	$\Delta^2 E/\Delta V^2$
滴定终点/mL			
检验人		复核人	

任务评价 ⇢⇢⇢⇢

填写任务评价表，见表 8-7。

表 8-7 任务评价表

序号	评价指标	评价要素	自评
1	溶液配制	称量操作 容量瓶使用 计算思路 计算结果	
2	样品移取	吸量管使用	
3	电极准备	电极准备 仪器预热	
4	数据测量	滴定速度 空白试验	
5	结束工作	关闭仪器 清洗仪器和电极 填写仪器实验记录卡	
6	数据记录	能正确记录原始数据 有效数字符合标准规定	
7	样品计算	稀释倍数	
8	质控判断	质控浓度计算 检测有效性判断	

思考题

（一）判断题

1. 电位滴定法借助滴定过程中电流的变化确定终点。　　　　（　　）

2. 电位滴定法根据标准滴定剂的浓度和消耗体积来计算被测物质的含量。（　　）

3. 酸碱滴定要用铂电极作指示电极。　　　　　　　　　　（　　）

4. 氯离子含量测定可以用银电极为指示电极。　　　　　　（　　）

（二）选择题

1. 在电位滴定中，以 E、V 作图绘制 $E\text{-}V$ 曲线，滴定终点为（　　）。

A. 曲线的最大斜率点

B. 曲线的最小斜率点

C. E 为最正值的点

D. E 为最负值的点

2. 在电位滴定中，以 $\Delta E/\Delta V$、V 作图绘制 $\Delta E/\Delta V\text{-}V$ 曲线，滴定终点为（　　）。

A. 曲线的最低点

B. 曲线的最高点

C. 曲线的最大斜率点

D. 曲线的斜率为零时的点

3. 用浓度为 0.01mol/L 的 NaOH 滴定 20mL 的 HAc 溶液来确定 HAc 溶液的浓度，选择的指示电极应为（　　）。

A. 铂电极

B. 玻璃电极

C. 银电极

D. 钙电极

4. 测定果汁中氯化物含量时，应选用的指示电极为（　　）。

A. 氯离子选择电极

B. 铜离子选择电极

C. 钾离子选择电极

D. 玻璃电极

5. 用浓度为 0.0141mol/L 的 $AgNO_3$ 滴定 20.00mL 的 NaCl 溶液，到达终点时消耗 $AgNO_3$ 的体积为 19.20mL，则 NaCl 溶液的浓度为（　　）。

A. 0.0141mol/L

B. 0.0135mol/L

C. 0.0270mol/L

D. 0.0282mol/L

（三）填空题

1. 电位滴定装置主要由（　　　　）、（　　　　）、（　　　　）和（　　　　）组成。

2. 电位滴定是根据滴定过程中（　　　）的突跃来确定终点的一种滴定分析方法，可以用于（　　　）、（　　　）以及（　　　）的滴定分析中。

3. 电位滴定的主要类型有（　　　　）、（　　　　）、（　　　　）和（　　　　）。

（四）简答题

试述电位滴定法测定溶液 pH 值的原理。

（五）计算题

1. 用 0.1050mol/L NaOH 标准滴定溶液电位滴定 25.00mL HCl 溶液，以玻璃电极为指示电极，饱和甘汞电极作参比电极，测得数据见表 8-8。

表 8-8　以 0.1050mol/L NaOH 溶液滴定 HCl 溶液实验数据

V(NaOH)/mL	5.00	10.00	15.00	20.00	25.50	25.60	25.70	25.80	25.90
pH	1.89	2.02	2.34	2.61	3.38	3.42	3.46	3.51	3.76
V(NaOH)/mL	26.00	26.10	26.20	26.30	26.40	26.50	27.00		
pH	7.51	10.21	10.37	10.47	10.54	10.57	10.76		

（1）用二阶微商计算法确定滴定终点体积。

（2）计算 HCl 溶液浓度。

2. 用饱和甘汞电极-铂电极对组成电池，铂电极为正极，以高锰酸钾溶液滴定硫酸亚铁，计算 95% 的 Fe^{2+} 氧化为 Fe^{3+} 时的电动势。（已知饱和甘汞电极的电极电位为 0.244V，Fe^{3+}/Fe^{2+} 电对的标准电极电位为 0.771V。）

项目九

气相色谱法测定化学试剂
丙酮中的水、甲醇、乙醇

丙酮为无色透明液体，具有特殊臭味，能与水、醇及多种有机溶剂互溶。本项目为气相色谱法测定丙酮中水、甲醇及乙醇的含量，定量方法采用归一化法。

气相色谱法（英文缩写为GC）是一种现代分离检测技术，主要是对易于挥发而不发生分解的化合物进行分离与分析的色谱技术。

任务一　安装色谱柱及测定柱效能

任务描述

色谱柱是色谱分析中的核心部件，其质量对于分析结果具有重要的影响。色谱柱效能是衡量色谱柱品质好坏的重要指标。本任务学习如何安装色谱柱和测定色谱柱效能。

任务目标

（1）会安装色谱柱及检漏。

（2）能说出气相色谱仪的主要组成部件。

（3）会用微量注射器进样。

（4）会使用气相色谱仪及色谱工作站。

（5）会测定柱效能。

（6）能说出分离度、理论塔板数及经验公式。

（7）具备严谨、仔细、认真的职业素养。

1. 仪器

（1）气相色谱仪（配 TCD）。

（2）填充柱：柱长 2m。

固定相：GDX-104 ［0.180～0.154mm（80～100 目）］或 Porapak Q ［0.180～0.154mm（80～100 目）］。

（3）辅助工具：毛细管柱、10μL 微量注射器、标尺、切割工具、放大镜、扳手、进样垫、干净的衬管、卡套。

2. 试剂

（1）甲醇：$w \geqslant 99.9\%$。

（2）乙醇：$w \geqslant 99.9\%$。

（3）混合试样：水、甲醇、乙醇按比例混合。

一、色谱分析法概述

1. 色谱法的由来

1906 年，俄国植物学家茨维特用石油醚洗脱植物色素的提取液时发现，经过一段时间洗脱之后，植物色素在碳酸钙柱中实现分离，由一条色带分散为数条平行的色带，如图 9-1 所示。他将这种方法命名为色谱法。

图 9-1 茨维特植物色素分离实验装置

2. 色谱法的分类

从茨维特的植物色素提取实验中可以知道色谱分离过程中存在两相，常理解为"一静一动"，即固定相（如碳酸钙）和流动相（如石油醚）。固定相是色谱柱内的固定物质，流动相是气体或液体。色谱法种类很多，其分类方法也有多种，常用的分类方法是按两相所处的状态分类，如表 9-1 所示。

表 9-1　色谱法的分类

流动相	总称	固定相	色谱名称
气体	气相色谱(GC)	固体	气-固色谱(GSC)
		液体	气-液色谱(GLC)
液体	液相色谱(LC)	固体	液-固色谱(LSC)
		液体	液-液色谱(LLC)

3. 气相色谱法的特点

气相色谱法是用气体作为流动相的色谱法，利用了物质在流动相中与固定相中分配系数的差异。当两相作相对运动时，试样组分在两相之间进行反复多次分配，各组分的分配系数即使只有微小差别，随着流动相（气体）的移动也可以产生距离，最后被测样品组分得到分离测定。

气相色谱法是一种常用的仪器分析方法，具有以下特点。

（1）灵敏度高。可检出 $10^{-11} \sim 10^{-15}$ g 的物质，可作超纯气体、高分子单体的痕量分析和空气中微量毒物的分析。

（2）分离效率高。可以把复杂的样品分离成单组分。

（3）选择性高。可有效地分离性质极为相近的各种同分异构体和各种同位素，适合多组分同步分析。

（4）样品用量少。一般气体用几毫升，液体用几微升或几十微升即可。

（5）分析速度快。一般分析只需几分钟或十几分钟就可以完成。

（6）应用范围广。既可以分析低含量样品，也可以分析高含量样品。

气相色谱法的不足之处是不能直接分析未知物，分析无机物、高沸点有机物和生物活性物质比较困难。

二、气相色谱仪

气相色谱仪分为通用型和专用型，一般情况下指通用型气相色谱仪。目前国内外的气相色谱仪种类和型号很多，国产仪器和进口仪器都普遍使用，如图 9-2

所示。

图 9-2　气相色谱仪示意图

气相色谱仪包括六大系统：气路系统、进样系统、分离系统（色谱柱）、检测系统（检测器）、数据处理系统、温控系统。

气相色谱仪的基本结构如图 9-3 所示。钢瓶中的高压气体（载气）经减压并调节至所需流量后进入进样口，再流经色谱柱、检测器后放空。分析试样时，试样经进样口注入后，立即汽化，并随载气进入色谱柱，在柱内被分离后，按时间先后从色谱柱流出并进入检测器，检测器将检测到的信号根据浓度或质量的大小，转换成不同强度的电信号，经放大器放大输出记录，即得到色谱流出曲线。

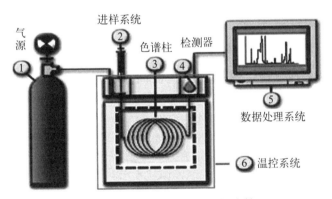

图 9-3　气相色谱仪基本结构

三、色谱流出曲线和术语

1. 色谱流出曲线

色谱流出曲线也叫色谱图，是指色谱柱流出物通过检测系统时所产生的响应信号与时间或载气流出体积的曲线图。试样经色谱分离后的每一个组分对应的图形称为一个色谱峰，简称峰。理想的色谱峰应该是正态分布曲线，如图 9-4

所示。

由色谱流出曲线可以实现以下目的：

① 依据色谱峰的保留值进行定性分析；

② 依据色谱峰的面积或峰高进行定量分析；

③ 依据色谱峰的保留值及区域宽度评价色谱柱的分离效能。

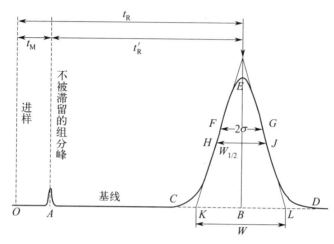

图 9-4　色谱流出曲线示意图

2. 色谱图中的术语

色谱法在实际应用中常用一些专门的术语来描述色谱流出曲线的不同参数。

（1）基线。在正常操作条件下，仅有载气通过检测系统时所产生的响应信号的曲线称为基线。基线在稳定的条件下应是一条水平的直线。由于各种因素所引起的基线波动称为基线噪声，基线随时间定向的缓慢变化称为基线漂移（如图 9-5 所示）。

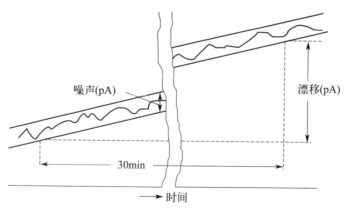

图 9-5　基线噪声及漂移

（2）峰底、峰高与峰面积。

① 峰底：峰的起点与终点之间连接的直线，如图 9-4 中的 CD。

② 峰高：从峰最大值到峰底的垂直距离称为峰高，用 h 表示，如图 9-4 中的 BE。

③ 峰面积：色谱流出曲线与基线所包围的面积称为峰面积，用 A 表示，如图 9-4 中的 A_{CHEJDC}。

峰高和峰面积是色谱分析中常用的定量参数。

（3）色谱峰的区域宽度。

① 标准偏差（σ）：指 0.607 倍峰高处色谱峰宽度的一半，如图 9-4 中 FG 长度的一半。

② 峰底宽：简称峰宽（W），指在峰两侧拐点处作切线与峰底相交两点间的距离，如图 9-4 中的 KL。$W = 4\sigma$。

③ 半高峰宽：简称半峰宽（$W_{1/2}$），指通过峰高的中点作平行于峰底的直线，此直线与峰两侧相交两点之间的距离，如图 9-4 中的 HJ。$W_{1/2} = 2\sqrt{2\ln 2}\,\sigma$。

（4）保留值。保留值是指试样中各组分在色谱柱内的保留行为，常用时间或相应的载气体积表示，分别称为保留时间和保留体积，以时间来表示的保留值更为常用。在一定实验条件下，组分的保留值具有特征性，常作为色谱分析中的定性参数。

① 死时间（t_M）：指不被固定相滞留的组分（如空气、甲烷），从进样到出现峰最大值所需的时间，用 t_M 表示（如图 9-4 所示），单位为 min 或 s。死时间实际上就是载气流经色谱柱所需要的时间。使用热导池检测器时用空气峰测 t_M，使用氢火焰离子化检测器时用甲烷峰测 t_M。

② 保留时间（t_R）：指被测组分从进样到出现峰最大值所需的时间（如图 9-4 所示）。保留时间是色谱峰位置的标志，以 t_R 表示，单位为 min 或 s。

③ 调整保留时间（t'_R）：指减去死时间的保留时间（如图 9-4 所示），以 t'_R 表示，单位为 min 或 s。

$$t'_R = t_R - t_M$$

（5）相对保留值（$r'_{i,s}$）。在相同操作条件下，被测组分 i 与参比组分 s 的调整保留值之比。

$$r'_{i,s} = \frac{t'_{R(i)}}{t'_{R(s)}}$$

$r'_{i,s}$ 仅与柱温及固定相性质有关，而与其他实验条件如柱长、柱内填充情况及载气的流速等无关。

四、色谱法基本理论

1. 塔板理论

塔板理论是 1941 年由马丁和詹姆斯提出的半经验理论，他们将色谱柱假想为许多小段，称为塔板，如图 9-6 所示。样品在一块塔板的流动相和固定相之间达到分配平衡，再进入下一块塔板。由于流动相在不停地移动，组分就在这些塔板的两相间不断达到分配平衡。

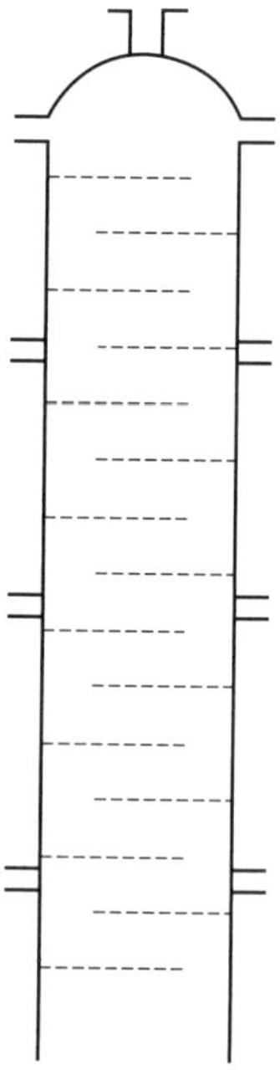

塔板数的计算公式如下：

$$n = \frac{L}{H} \tag{9-1}$$

式中，n 为理论塔板数；L 为柱长；H 为理论塔板高度。

$$n = 5.54 \left(\frac{t_R}{W_{1/2}}\right)^2 = 16 \left(\frac{t_R}{W}\right)^2 \tag{9-2}$$

H 越小，n 越多，组分在塔内分配次数越多，则柱效能越高。

图 9-6　塔板理论模型

在实际工作中，按式（9-1）和式（9-2）计算出来的 n 和 H 有时并不能充分反映色谱柱的分离效能，其原因在于没有扣除死时间的影响，故常用有效塔板数 n_{eff} 表示柱效能：

$$n_{eff} = 5.54 \left(\frac{t'_R}{W_{1/2}}\right)^2 = 16 \left(\frac{t'_R}{W}\right)^2 \tag{9-3}$$

2. 速率理论

1956 年，荷兰人范第姆特（Van Deemter）概括了分子离散，即色谱峰扩张的各种基本因素，导出速率理论方程，也称为范第姆特方程：

$$H = A + \frac{B}{u} + Cu \tag{9-4}$$

式中，H 为塔板高度；A 为涡流扩散项；B/u 为纵向扩散项；Cu 为传质阻力项。

（1）涡流扩散项（A，亦称多路效应项）。由于试样组分分子进入色谱柱碰到柱内填充颗粒时不得不改变流动方向，因而它们在气相中形成紊乱的类似"涡流"的流动。组分分子所经过的路径长度不同，达到柱出口的时间也不同，因而引起色谱峰的扩张。

（2）纵向扩散项（B/u，亦称分子扩散项）。组分进入色谱柱后，随载气向前移动，由于柱内存在浓度梯度，组分分子必然由高浓度向低浓度扩散，从而使峰扩张。

（3）传质阻力项（Cu）。在色谱柱中，溶质分子与气相分子和固定相分子间存在相互作用，导致溶质分子不可能在两相中瞬间建立分配平衡，有些溶质分子未能进入固定相就随气相前进，发生分子超前；而有些进入固定相的溶质分子未能解吸进入气相，发生分子滞后，从而引起色谱峰的扩张。

五、分离度

为了判断两个相邻组分在色谱柱中的分离情况，常用分离度作为色谱柱的总分离效能指标。分离度又称为分辨率，用 R 表示，是指两个相邻色谱峰的分离程度，以两个组分保留时间之差与其平均峰宽值之比表示，如图 9-7 所示。

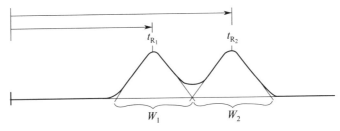

图 9-7　分离度的计算

分离度的计算公式如下：

$$R = \frac{2(t_{R_2} - t_{R_1})}{W_1 + W_2} \tag{9-5}$$

式中，t_{R_1}、t_{R_2} 分别为组分 1、2 的保留时间；W_1、W_2 分别为组分 1、2 的色谱峰峰底宽。

显然，分子项中两保留时间之差越大（即两峰相距越远），分母项越小（即两峰越窄），R 值就越大，两组分分离得就越完全。一般来说，当 $R < 1$ 时，两峰有明显的重叠；当 $R = 1$ 时，分离程度可达 98%；当 $R = 1.5$ 时，分离程度可达 99.7%。因此通常用 $R \geqslant 1.5$ 作为衡量相邻两峰完全分离的指标。

任务实施 ᐅᐅᐅᐅ

一、阅读气相色谱仪说明书

（1）阅读需要使用的气相色谱仪说明书（用户手册），记录以下信息：仪器型号、生产厂家。

（2）阅读需要使用的气相色谱工作站说明书，认识工作站的菜单栏、工具栏图标，学会创建分析方法及数据的处理方法。

二、色谱柱的安装

色谱柱的安装步骤见表9-2。

表 9-2　色谱柱的安装步骤

序号	操作	具体步骤及示意图
		填充柱的安装（不锈钢柱）
1	安装填充柱进样口端柱适配器	在不锈钢柱适配器中插入玻璃衬管
		将带有玻璃衬管的柱适配器插入填充柱进样口
		用手拧紧柱适配器螺母
		用扳手再拧约半圈固定螺母

序号	操作	具体步骤及示意图	
2	安装检测器端柱适配器	将柱适配器插入检测器	
		用手拧紧柱适配器螺母后,再用扳手拧约半圈固定螺母	
3	安装不锈钢柱	安装不锈钢柱至两端柱适配器,用手拧紧。 注意:不锈钢柱和柱适配器间需加垫圈;填充柱有两种,一种是两端一样长的,另一种是两端一长一短的,两端一样长的在填充时不分方向,而两端一长一短的则有方向性,长的一端接进样口,短的一端接检测器	
		用扳手拧紧,固定不锈钢柱和柱适配器间的接口	

序号	操作	具体步骤及示意图	
4	安装完成		
毛细管柱的安装			
1	检查气体过滤器、载气、进样垫和衬管等配件	保证辅助气和检测器的通气畅通	 气体过滤器
		如果以前做过较脏样品或活性较高的化合物,需要将进样口衬管进行清洗或更换	 进样垫
2	色谱柱的准备	将螺母以及卡套装在色谱柱上,并将色谱柱两端切平,切面要平滑整洁	 切割器 Vespel密封卡套　石墨密封卡套
3	将色谱柱连于进样口上	色谱柱在进样口中插入的深度应按照所使用的不同 GC 仪器的要求而定,正确合适的插进距离能最大可能地保证试验结果的重现性	
		连接螺母安装到进样口后,将连接螺母拧上,拧紧后(用手拧不动了)用扳手再多拧 1/4～1/2 圈,保证安装的密封水平	

序号	操作	具体步骤及示意图	
4	接通载气	当色谱柱与进样口接好后,通入载气,调节柱前压以得合适的载气流速。 将色谱柱的出口端插入装有己烷的样品瓶中,正常情况下可以看见瓶中稳定连续的气泡(至少10min)	建议柱前压见表9-3
5	色谱柱端连接到检测器上	将色谱柱出口端从瓶中取出,保证柱端口无溶剂残留,进行色谱柱与检测器的连接安装,需注意的事项与进样口连接大致相同	
6	安装完成		
7	实验结果	将结果做好记录	

注:将色谱柱要切割的部分用手指顶住,用合适的切割工具在外壁轻轻划个标记,不要直接进行切割。将柱子在标记处折断,再使用放大镜对切割后的端口进行检查,以确定切口和管壁成直角,切面平滑整齐。

表 9-3　建议柱前压

柱长	内径		
	0.25mm	0.32mm	0.53mm
15m	8~12psi	5~10psi	1~2psi

柱长	内径		
	0.25mm	0.32mm	0.53mm
30m	15～25psi	10～20psi	2～4psi
60m	30～45psi	20～30psi	4～8psi

注：1psi＝6.89476kPa。

 注意事项

（1）毛细管柱易碎，安装时要特别小心。

（2）毛细管色谱柱安装插入的长度要根据仪器的说明书而定，不同的色谱气化室结构不同，所以插入的长度也不同。

（3）需要说明的是，如果毛细管色谱柱采用不分流，气化室采用填充柱接口，这时与气化室连接的毛细管柱不能探进太多，略超出卡套即可。

气相色谱仪毛细管色谱柱的安装

三、气路的检漏

在色谱柱进行加热前，一定要进行检漏，确保整个气相色谱仪系统无泄漏。建议色谱箱内部的检漏液不要用肥皂水，它有可能从被检测处进入色谱柱和其他装置中，从而对系统有所损害，可以使用异丙醇（1＋1）溶液。色谱箱外部的检漏液可以用肥皂水。

打开钢瓶总阀门，将检漏液涂在各接头处，如有气泡不断涌出，则说明这些接口处有漏气现象。记录检漏情况。

四、色谱柱的老化

色谱柱的老化包括预备阶段和实际老化阶段，毛细管柱和填充柱的老化步骤是不一样的。

气路安装与检漏

1. 预备阶段

（1）关闭检测器。关闭检测器相关气体，尤其是关闭氢气！

（2）用无孔垫圈和柱螺母封上检测器接头。

2. 毛细管柱的老化

（1）按表9-4选择一个适当的柱压。

长度/m	内径				
	0.10mm	0.20mm	0.25mm	0.32mm	0.53mm
10	25(170)	6(40)	3.7(26)	2.3(16)	0.9(6.4)
15	39(270)	9(61)	5.6(39)	3.4(24)	1.4(9.7)
25	68(470)	15(104)	9.5(65)	5.7(40)	2.3(16)
30	83(570)	18(126)	12(80)	7(48)	2.8(19)
50		32(220)	20(135)	12(81)	4.7(32)
60		39(267)	24(164)	14(98)	5.6(39)

表 9-4　柱压的选择　　　　　单位：psi（kPa）

（2）输入所选压力，让气流在室温下通入柱内 15～30min，以便赶走空气。

（3）将柱箱温度从室温升到柱的最高使用温度以下 20℃。升温速率为 10～15℃/min，并保持最高温度 120min 以上。

（4）如果不立即使用老化后的色谱柱，将其从柱箱中取出，两端堵上堵头以防止空气、水汽和其他污染物进入色谱柱。

3. 填充柱的老化

（1）输入适当的柱流量。以氮气为载气，流速是正常的一半即可。

（2）老化温度应比最高使用温度低 20℃。将柱箱温度缓慢升至柱的老化温度。

（3）在终温下老化 8h 以上。如果不立即使用老化后的色谱柱，将其从柱箱中取出，两端堵上堵头以防止空气、水汽和其他污染物进入色谱柱。

注意事项

（1）设置老化温度时，严禁超过固定液的最高使用温度。

（2）老化时间与所用检测器的灵敏度和类型有关，灵敏度越高，要求老化的时间相对越长。

（3）样品的极性越强，要求填充柱老化的时间相对越长。

五、气相色谱仪的启动

1. 气相色谱仪开机

（1）气路调节。打开氢气钢瓶总阀或开启氢气发生器，调输出压力至所需的压力（通常仪器要求 0.3～0.5MPa），检查各连接部分不得漏气，旋下"热导放空"密封螺母。

（2）设置参数，开机升温。参考条件如下：

载气及流速：氢气，40mL/min；温度设置：柱温度为130℃，气化室温度为170℃，检测器温度为150℃；进样量：3μL。

（3）打开计算机，鼠标左键双击"在线工作站"图标进入色谱数据工作站，准确进入相应"通道"。依次点击"数据采集""查看基线""零点校正"，初设"电压范围"为-1～20mV，"时间范围"为0～10min。

（4）待各部分温度接近设定值，设桥电流150mA，同时点击"桥流"和"衰减"。

（5）待基线基本平直，准备进样。

2. 工作站的打开

（1）单击 Windows 桌面左下角"开始"，在"程序"一栏中选择"N3000 色谱工作站"，单击"N3000 色谱工作站"，打开后窗口如图9-8所示。

图9-8　窗口一

（2）点击图9-8中的"通道1"即可进入通道1，如图9-9所示。

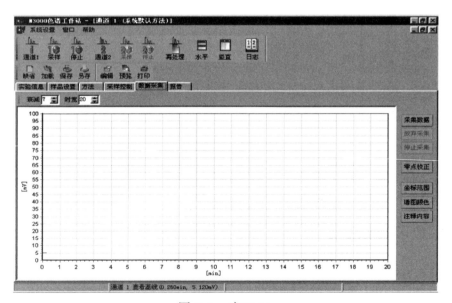

图9-9　窗口二

（3）在图 9-9 中点击"采样"与点击"采集数据"的效果相同，点击"停止"与点击"停止采集"的结果是一样的。

（4）点击图 9-8 中的"通道 1"，接着点击"通道 2"，最后点击"竖直"即可生成窗口，如图 9-10 所示。这是双通道同时打开进行基线查看或数据采集时的操作。

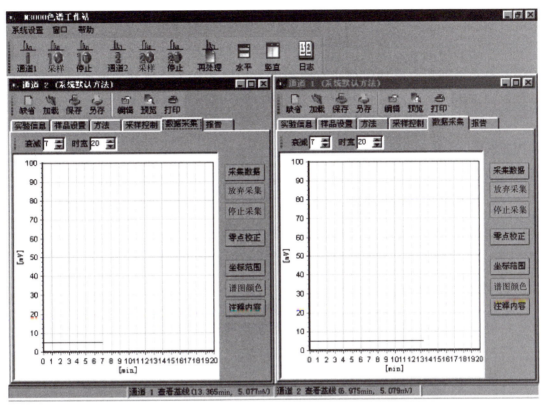

图 9-10　窗口三

注意事项

（1）开机前要确认气路系统畅通，并且接头处没有漏气现象。

（2）先开载气，并观察柱前压，显示正常时再开主机电源，以免仪器烧坏。

（3）TCD 排出口接软管引到室外。

GC7820 气相色谱仪的基本操作

六、柱效能的测定

（1）按仪器操作规程开机运行至基线平直。

（2）先用 10μL 微量注射器吸取空气 8μL，注入色谱仪，同时点击"采集数据"，待出现完整色谱图，点击"停止采集"，记录空气峰保留时间。重复三次。将测量结果填入表 9-5 中。

（3）用 10μL 微量注射器先吸取纯水 0.2μL，然后吸取空气 8μL，注入色谱仪，同时点击"采集数据"，待所有组分全部流出且基线平直，点击"停止采集"，记录水峰的保留时间，将测量结果填入表 9-5 中。同样测量甲醇、乙醇的保留时间。

（4）用同样的方法吸取混合试样 0.4μL，同时吸取空气 8μL，注入色谱仪，待所有组分全部出峰完毕，停止采集数据，记录各相关组分峰的保留时间和半峰宽，平行三次，将测量结果填入表 9-5 中。

> **注意事项**
>
> （1）用微量注射器进样时，要求操作稳当、连贯、迅速。切记防止用力过猛，避免折弯针柄。
> （2）养成进样后马上用溶剂洗针数次的习惯。

七、柱效能的计算

一般以理论塔板数或有效理论塔板数来衡量色谱柱柱效能的高低，根据上述操作所得的图谱数据，用无水乙醇计算柱效能，同时得到乙醇与相邻峰的分离度。计算数据并填至表 9-5 中，其中空气为非滞留组分。

每米理论板数（n/L）计算如下：

$$n/L = 16\left(\frac{t_R}{W}\right)^2/L = 5.54\left(\frac{t_R}{W_{1/2}}\right)^2/L \tag{9-6}$$

式中 n/L——每米理论板数；

      t_R——保留时间，s；

      W——峰宽，s；

      $W_{1/2}$——半峰宽，s。

每米有效板数 n_{eff}/L 计算式如下：

$$n_{eff}/L = 16\left(\frac{t'_R}{W}\right)^2/L = 5.54\left(\frac{t'_R}{W_{1/2}}\right)^2/L \tag{9-7}$$

式中 n_{eff}/L——每米有效板数；

      t'_R——调整保留时间，s。

分离度的计算：

$$R = \frac{2(t_{R_2} - t_{R_1})}{W_1 + W_2} \tag{9-8}$$

 注意事项

（1）因为测定柱效能时不同物质得到的塔板数是不相同的，所以必须指明是用何种物质测量的。

（2）柱效能要求：填充柱，每米理论板数不小于1200、每米有效板数不小于800。

（3）《气相色谱仪测试用标准色谱柱》（GB/T 30430—2019）采用FID检测器进行测定，本任务采用的是TCD检测器，测定方法与标准有所不同。

八、关机及结束

（1）实验结束，将TCD"桥流"设置为"0"，关闭热导池开关。

（2）将柱温、气化室温度、检测器温度调节至室温以下，停止加热，等待柱温和检测器温度接近室温，旋上"热导放空"密封螺母，关掉主机电源开关，关闭载气。

（3）关闭色谱工作站。

（4）清理仪器台面，填写仪器使用记录。

注意事项

引起色谱柱柱效能快速下降的主要原因如下。

（1）色谱柱断裂，需要重新安装色谱柱。

（2）色谱柱在过高的温度下长期使用。

（3）有氧气进入色谱柱中，特别在升温的过程中。

（4）无机酸、碱对色谱柱的损伤。

（5）不挥发、难挥发物质对色谱柱的污染。

任务实施记录

将实验结果填至表9-5。

表 9-5　安装色谱柱及测定色谱柱效能原始记录

记录编号				
检验项目		检验日期		
检验依据		判定依据		
检验设备(标准物质)及编号				

一、色谱柱安装及检漏

检漏方法	

二、色谱柱老化

老化方法	

三、阅读仪器及工作站说明书

仪器型号		生产厂家	

四、各组分的保留时间

组分名	空气	水	甲醇	乙醇
t_R/min				

五、柱效能测定(无水乙醇)

测定数据	水				甲醇				乙醇			
	1	2	3	平均	1	2	3	平均	1	2	3	平均
t_M/min												
t_R/min												
t_R'/min												
$r_{i,s}'$												
$W_{1/2}$/min												
n_{eff}(乙醇)												
R(乙醇)												

结论				
检验人		复核人		

任务评价 ⇢⇢⇢

填写任务评价表,见表 9-6。

表 9-6　任务评价表

序号	评价指标	评价要素	自评
1	色谱柱安装及检漏	是否正确 是否有漏气现象	

序号	评价指标	评价要素	自评
2	开机	检查漏气 参数设置 操作顺序	
3	柱效能测定	测定柱效能 柱效能计算 分离度计算 理论塔板数计算	
4	结束工作	关机顺序 工作台整洁 填写仪器实验记录卡	

思考题

(一) 判断题

1. 色谱柱的选择性可用"总分离效能指标"来表示,它可定义为:相邻两个色谱峰保留时间的差值与两个色谱峰宽之和的比值。 (   )

2. 相邻两组分得到完全分离时,其分离度 $R < 1.5$。 (   )

3. 组分 1 和 2 的峰顶点距离为 1.08cm,而 $W_1 = 0.65$cm,$W_2 = 0.76$cm。则组分 1 和 2 不能完全分离。 (   )

(二) 选择题

1. 色谱法亦称色层法或层析法,是一种 (   ) 技术。当其应用于分析化学领域,并与适当的检测手段相结合,就构成了色谱分析法。

A. 分离

B. 富集

C. 进样

D. 萃取

2. 气相色谱仪主要由气路系统、进样系统、(   )、检测系统、数据处理系统、温控系统组成。

A. 空调系统　　　B. 分光系统　　　C. 传感系统　　　D. 分离系统

3. 下列情况下应对色谱柱进行老化的是 (   )。

A. 每次安装了新的色谱柱后　　　　　　　B. 色谱柱每次使用后

C. 分析完一个样品后,准备分析其他样品之前　D. 更换了载气或燃气

4. 色谱峰在色谱图中的位置用 (   ) 来说明。

A. 灵敏度　　　　　　　　　　B. 峰高值

C. 峰宽值　　　　　　　　　　D. 保留值

5. 衡量色谱柱总分离效能的指标是（   ）。

A. 塔板数　　　　　　　　　　　B. 分离度

C. 分配系数　　　　　　　　　　D. 相对保留值

6. 两个色谱峰能完全分离时的 R 值应为（   ）。

A. $R \geqslant 1.5$　　　　　　　　　　B. $R \geqslant 1.0$

C. $R \leqslant 1.5$　　　　　　　　　　D. $R \leqslant 1.0$

7. 在一定实验条件下组分 i 与另一标准组分 s 的调整保留时间之比称为（   ）。

A. 死体积　　　　　　　　　　　B. 调整保留体积

C. 相对保留值　　　　　　　　　D. 保留指数

（三）简答题

1. 气相色谱仪包括哪几个组成部分？

2. 气相色谱柱分为哪几种类型？

3. 气相色谱法的特点是什么？

任务二　识读检测标准及样品前处理

任务描述

依据《化学试剂　丙酮》（GB/T 686—2008），采用气相色谱法对工业丙酮样品中甲醇、乙醇、水进行检测，在仔细阅读、理解标准的基础上，准备所需的仪器、试剂，并对样品进行前处理。

任务目标

（1）会填写原始记录表格。

（2）会查找方法检出限、精密度、准确度。

（3）会配制标准溶液。

（4）培养个人安全防护的安全意识。

（5）培养环保意识。

（6）具备不断学习的职业态度。

1. 仪器

（1）气相色谱仪（配 TCD）。

（2）填充柱：柱长 2m；固定相：GDX-104 [0.180～0.154mm（80～100 目）]或 Porapak Q [0.180～0.154mm（80～100 目）]。

2. 试剂

（1）丙酮：$w \geqslant 99.9\%$。

（2）甲醇：$w \geqslant 99.9\%$。

（3）乙醇：$w \geqslant 99.9\%$。

知识链接 ⇢⇢⇢⇢⇢

一、气相色谱仪气路系统

气相色谱仪中的气路是一个载气连续运行的密闭管路系统。整个载气系统要求载气纯净、密闭性好、流速稳定及流速测量准确。气路系统包括气源、管路连接和辅助设备。

1. 气源

常用的载气为 N_2、H_2、He、Ar，其中，He、Ar 由于价格高，应用较少。

气源的种类有钢瓶和气体发生器两种（如图 9-11 所示）。载气如果由高压气体钢瓶提供，要求气体钢瓶放置在钢瓶柜内。不同的气相色谱仪对气体的纯度有不同的具体要求，但是体积分数都不能低于 99.99%。

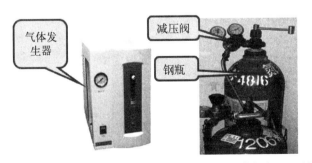

图 9-11　气相色谱仪气源系统

2. 管路连接

气相色谱仪内部的连接管路使用不锈钢管。气源至仪器的连接管路多采用不锈钢管或铜管，也可采用成本较低、连接方便的塑料管。连接管道时，要求既要保证气密性，又不损坏接头。

3. 辅助设备

（1）减压阀：一般气相色谱仪使用的载气压力为 $0.1\sim0.5MPa$，因此需要通过减压阀（如图 9-11 所示）调节钢瓶输出压力。

（2）压力表：多为两级压力指示，第一级为钢瓶压力，第二级为输出压力。

（3）净化器：由装有变色硅胶、分子筛、活性炭等吸附管的串联，可除去水、氧气以及其他杂质。

（4）流量计：在柱头前使用转子流量计，但结果不够准确。通常在柱后，以皂膜流量计测流速。许多现代仪器装置有电子流量计（EPC），并以计算机控制其流速保持不变。

二、气相色谱仪进样系统

进样系统的作用是把样品迅速而定量地加到色谱柱上端并使其瞬间转变为气体，然后由载气将样品气体快速带入色谱柱。进样系统包括进样器和气化室两部分。

1. 进样器

进样器分为手动进样器和自动进样器。

（1）手动进样器。分为液体样品进样器和气体进样器。

① 液体样品进样器。液体样品采用微量注射器（如图 9-12 所示）直接注入气化室进样。常用的微量注射器有 $1\mu L$、$5\mu L$、$10\mu L$ 等规格。实际工作中可根据需要选择合适容积的微量注射器。

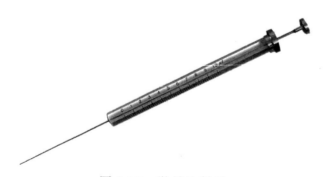

图 9-12　微量注射器

使用时要用待测样品润洗 3 次以上，对某些易污染样品要清洗 10 次以上，每次用完要及时清洗进样针。

② 气体进样器。

a. 注射器进样。气体样品常使用医用注射器（一般用 0.25mL、1mL、2mL、5mL 等规格）进样，此法优点是使用灵活方便，缺点是进样量的准确性、重复性差（2%～5%）。

b. 六通阀进样。常用的六通阀有平面六通阀和拉杆六通阀两种。平面六通阀如图 9-13 所示，是目前比较理想的六通阀气体进样器，使用温度较高，寿命长，耐腐蚀，死体积小，气密性好，操作方便，进样量的准确性、重复性好（小于 0.5%）。

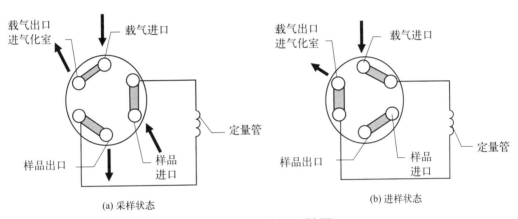

图 9-13　六通阀进样器

在采样状态时气体样品进入定量管，而载气直接进入色谱柱。进样状态时，将阀旋转 60°，此时载气通过定量管与色谱柱连接，将管中气体样品带入色谱柱中。定量管有 0.5mL、1mL、3mL、5mL 等规格，进样时可以根据需要选择合适体积的定量管。

（2）自动进样器。自动进样器是一种智能化、自动化的进样仪器，只需设置好进样参数、放入待检测样品，即可完成自动进样过程，能有效克服注射器进样时准确性、重复性差的缺点。

六通进样阀
结构及使用

2. 气化室

气相色谱分析要求气化室温度要足够高，图 9-14 是一种常用的液体样品进样系统，当用微量注射器直接将样品注入气化室时，样品瞬间汽化，然后由载气将汽化的样品带入色谱柱内进行分离。气化室内不锈钢套管中插入的石英玻璃衬管能起到保护色谱柱的作用。进样口使用硅橡胶材料的密封隔垫，其作用是防止漏气。硅橡胶密封隔垫在使用一段时间后会失去密封作用，应注意及时更换。

使用毛细管柱时，由于柱内固定相量少，柱容量比填充柱低，为防止色谱柱超负荷，要使用分流进样器。样品在分流进样器中汽化后，只有一小部分样品进入毛细管柱，而大部分样品随载气由分流气体出口放空。在分流进样时，进入毛细管柱内的载气流量与放空的载气流量（即进入色谱柱的样品量与放空的样品量）之比称为分流比。毛细管柱分析时使用的分流比一般在(1∶10)～(1∶100)之间。

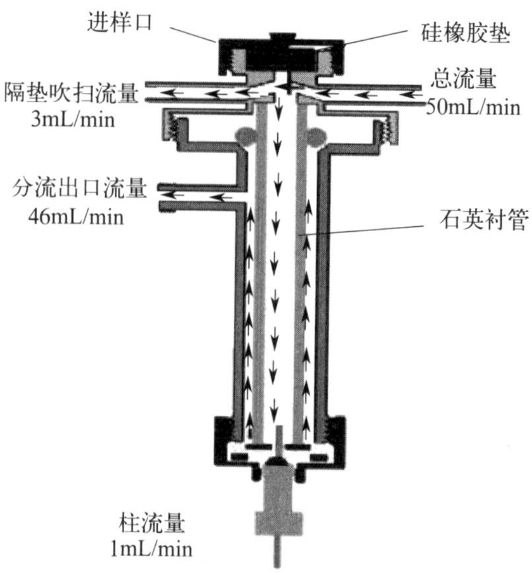

进样口　硅橡胶垫
隔垫吹扫流量 3mL/min　总流量 50mL/min
分流出口流量 46mL/min　石英衬管
柱流量 1mL/min

图 9-14　气相色谱仪气化室示意图

三、气相色谱仪分离系统

分离系统主要由柱箱和色谱柱组成，其中色谱柱是核心，它的主要作用是将多组分样品分离为单一组分的样品。

1. 色谱柱

色谱柱是气相色谱仪的"心脏"，样品分离效果的好坏，主要取决于色谱柱。根据柱内径的大小，气相色谱柱分为填充柱和毛细管柱。

（1）填充柱。填充柱一般内径 2～4mm，长度 1～10m。在柱内均匀、紧密填充颗粒状的固定相（如图 9-15 所示）。填充柱的柱材料多为不锈钢或玻璃，其形状有 U 形和螺旋形，使用 U 形柱时柱效较高，如图 9-16 所示。

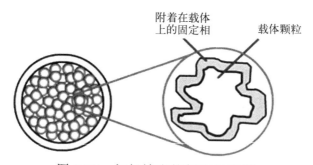

附着在载体上的固定相　载体颗粒

图 9-15　气相填充柱剖面示意图

填充柱规格的表示方法：长×内径（单位：m×mm）。

（2）毛细管柱。毛细管柱一般内径 0.2～0.5mm，长度 25～100m。柱内径 ≤0.5mm 的为毛细管柱，内径 >0.5mm 的为大口径毛细管柱，柱材料大多用熔融石英，即弹性石英柱。毛细管柱与填充柱相比具有分离效率高、分析速度快、色谱峰窄、峰形对称等优点，可解决填充柱难于分离的复杂样品的分析问题，是近代色谱柱发展的趋势。常用的毛细管柱为涂壁空心柱（WCOT），其内壁直接涂渍固定液（如图 9-17 所示）。

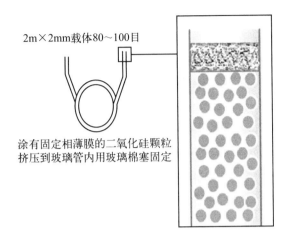

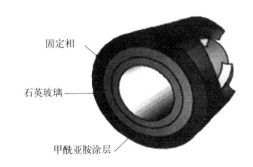

2m×2mm载体80～100目

涂有固定相薄膜的二氧化硅颗粒挤压到玻璃管内用玻璃棉塞固定

固定相
石英玻璃
甲酰亚胺涂层

图 9-16　典型的填充柱结构图　　　　图 9-17　涂壁空心柱剖面示意图

毛细管柱规格的表示方法：长×内径×液膜厚度（单位：m×mm×μm）。

如 30m×0.25mm×0.1μm 毛细管色谱柱。

按柱内径的不同，WCOT 可进一步分为微径柱、常规柱和大口径柱，表 9-7 为常用色谱柱的参数及用途。

表 9-7　常用色谱柱的参数及用途

参数		柱长/m	内径/mm	进样量/ng	主要用途
填充柱	经典	1～5	2～4	10～10⁶	分析样品
	微型		≤1		分析样品
	制备		>4		制备色谱纯化合物
毛细管柱	微径柱	1～10	≤0.1	10～1000	快速 GC
	常规柱	10～60	0.2～0.32		常规分析
	大口径柱	10～50	0.53～0.75		定量分析

2. 柱箱

在分离系统中，柱箱是一个精密的控温箱。调节色谱柱的温度实际上是调节柱箱的温度，柱箱的控温精度通常为 ±0.1℃。柱箱的控温范围一般在室温至 450℃，有些仪器可以进行多阶程序升温控制，以满足色谱优化分离的需要。

四、气相色谱仪检测系统

检测系统又称检测器，作用是将经色谱柱分离后顺序流出的化学组分的信息转变为便于记录的电信号。目前气相色谱仪的检测器已有几十种，其中最常用的是氢火焰离子化检测器（FID）和热导检测器（TCD），普及型的仪器大都配有这两种检测器。此外电子捕获检测器（ECD）、火焰光度检测器（FPD）及氮磷检测器（NPD）也是使用得比较多的检测器。

1. 热导检测器

（1）工作原理。热导检测器（TCD）是由热导池及利用不同物质的热导率不同而产生响应的浓度型检测器，是应用最早的通用型检测器，对无机物和有机物都有响应，其结构如图 9-18 所示。

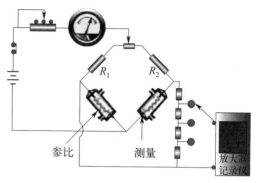

图 9-18　热导检测器示意图

热导检测器的工作原理是基于不同气体具有不同的热导率。当没有进样时，参比池和测量池通过的都是纯载气，热导率相同，由于热丝温度相同，两臂的电阻值相同，电桥平衡，输出端之间无信号输出，记录系统记录的是一条直线（基线）。

当有试样进入仪器系统时，载气携带着待测组分蒸气流经测量池，待测组分的热导率和载气的热导率不同，测量池中散热情况发生变化，而参比池中流过的仍然是纯载气，参比池和测量池两池孔中热丝热量损失不同，热丝温度不同，从而使热丝电阻值产生差异，使测量电桥失去平衡，电桥输出端之间有电压信号输出。输出的电压信号（色谱峰面积或峰高）与待测组分和载气的热导率的差值有关，与载气中样品的浓度成正比。

载气与样品的热导率（导热能力）相差越大，检测器灵敏度越高，不同物质的相对热导率值如表 9-8 所示。TCD 常用 H_2 或 He 作载气，其灵敏度高，线性范围宽。

表 9-8　一些物质的相对热导率

物质	相对热导率（He=100）	物质	相对热导率（He=100）	物质	相对热导率（He=100）
氦（He）	100.0	正丁烷（C_4H_{10}）	13.5	四氯化碳	5.3
氮（N_2）	18.0	异丁烷	13.9	二氯甲烷	6.5
空气	18.0	环己烷	10.3	氢（H_2）	123.0
一氧化碳	17.3	乙炔	16.3	氧（O_2）	18.3
氨（NH_3）	18.8	甲醇	13.2	氩（Ar）	12.5
乙烷（C_2H_6）	17.5	丙酮	10.1	二氧化碳（CO_2）	12.7

物质	相对热导率（He=100）	物质	相对热导率（He=100）	物质	相对热导率（He=100）
甲烷(CH$_4$)	26.2	乙烯	17.8	乙酸乙酯	9.8
丙烷(C$_3$H$_8$)	15.1	苯	10.6	氯仿	6.0
环己烷	12.0	乙醇	12.7		

载气的纯度也影响 TCD 的灵敏度，另外，增大电桥工作电流可以提高检测器灵敏度。但是，桥流增加，噪声也将随之增大。并且桥流越高，热丝越易被氧化，使用寿命越短。一般商品 TCD 均有不同检测器温度下推荐使用的桥电流值，实际工作中可参考设置。

（2）热导检测器的特点。热导检测器对任何可以气化的物质均有响应（待测组分和载气的热导率有差异即可产生响应），是通用型检测器。

热导检测器结构简单，通用性好，线性范围宽，价格便宜，不破坏样品，应用范围广。主要缺点是灵敏度相对较低。

2. 氢火焰离子化检测器

（1）氢火焰离子化检测器工作原理。氢火焰离子化检测器（FID），简称氢焰检测器，是气相色谱检测器中使用最广泛的一种（如图 9-19 所示）。它是典型的破坏性、质量型检测器，主要用于含碳有机化合物的检测。常用氮气做载气，也可用氦气。

进样后，样品随载气进入检测器，并在氢火焰中发生电离，生成正、负离子和电子。在外加电场的作用下，这些粒子向两极移动，形成微弱电流，此电流与引入氢火焰的样品的质量流量成正比。微弱电流经过高阻放大，送至记录仪记录下相应的色谱峰，因此可以根据信号的大小对有机物进行定量分析。

为了使 FID 灵敏度较高，氮气、氢气、空气的流速比值一般为 1:1:10，一般空气流量选择在 300～500mL/min 之间。

极化电压会影响 FID 的灵敏度，正常操作时，极化电压一般为 150～300V。

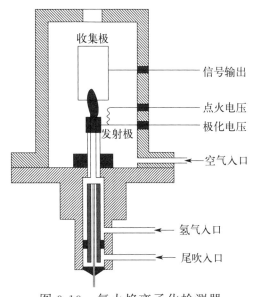

图 9-19　氢火焰离子化检测器结构示意图

收集极

信号输出
点火电压
极化电压
发射极
空气入口
氢气入口
尾吹入口

（2）氢焰检测器的特点及应用。FID 的特点是灵敏度高（比 TCD 的灵敏度高约 10^3 倍）、检出限低（可达 10^{-12} g/s）、线性范围宽（可达 10^7）。FID 结构简单，既可以用于填充柱，也可以用于毛细管柱。FID 对能在火焰中燃烧电离的有机化合物都有响应，是目前应用最为广泛的气相色谱检测器之一。FID 的主要缺点是不能直接检测永久性气体、水、一氧化碳、二氧化碳、氮的氧化物、硫化氢等物质。

五、气相色谱仪数据处理系统

数据处理系统用于收集、分析和处理色谱仪输出的信号并生成图、表或报告。最基本的功能是将检测器输出的电信号随时间的变化曲线绘制成色谱图。早期的是气相色谱仪使用记录仪，后来出现了色谱数据处理机，现在常用"色谱工作站"。通过数据处理系统，分析人员可以获得样品中各组分的保留时间、峰面积以及分离度等信息，以实现定量和质量控制等分析目的。

六、气相色谱仪温控系统

温控系统的主要作用是控制色谱柱、气化室、检测器三部分的温度。温度控制直接影响色谱柱的分离效能、组分的保留值、检测器的灵敏度和稳定性，因此温度控制的稳定性和重复性是气相色谱仪非常重要的技术指标。

任务实施 ⇥·⇥·⇥·

一、阅读与查找标准

仔细阅读《化学试剂　丙酮》（GB/T 686—2008），理解气相色谱法对工业丙酮样品中甲醇、乙醇、水的整个流程，找出方法的适用范围、相关标准、方法原理、精密度、检出限、定量限等内容，将结果填入表 9-9。

二、配制混合标准溶液（用于测定相对校正因子）

依次称取（准确至 0.0001g）丙酮 100mL、纯水 0.5mL、甲醇 0.1mL、乙醇 0.1mL，混匀。

三、安全防护

查找本任务实施过程中可能存在的安全隐患，并提出预防与防护措施。将查找结果填入表 9-9。

填写表 9-9。

表 9-9　识读检测标准及样品前处理记录

记录编号				
一、阅读与查找标准				
方法原理				
相关标准				
检出限				
准确度		精密度		
二、配制混合标准溶液				
组分	丙酮	纯水	甲醇	乙醇
m/g				
三、安全防护				
安全隐患及其预防防护措施				
检验人		复核人		

填写任务评价表，见表 9-10。

表 9-10　任务评价表

序号	评价指标	评价要素	自评
1	阅读与查找标准	相关标准 方法原理 精密度 检出限	
2	配制标准溶液	吸量管操作规范 容量瓶操作规范 定容正确	
3	安全与防护	设备安全 人身安全	

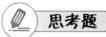 **思考题**

(一) 选择题

1. 在一定的柱温下，下列参数的变化不会使保留值发生改变的是 (　　)。

A. 改变检测器性质　　　　　　　　B. 改变固定液种类

C. 改变固定液用量　　　　　　　　D. 增加载气流速

2. 气-液色谱柱中，与分离度无关的因素是 (　　)。

A. 增加柱长　　　　　　　　　　　B. 改用更灵敏的检测器

C. 调节流速　　　　　　　　　　　D. 改变固定液的化学性质

3. 启动气相色谱仪时，若使用热导池检测器，有如下操作步骤：1-开载气；2-气化室升温；3-检测室升温；4-色谱柱升温；5-开桥电流；6-开记录仪。下列操作次序绝对不允许的是 (　　)。

A. 2—3—4—5—6—1　　　　　　　B. 1—2—3—4—5—6

C. 1—2—3—4—6—5　　　　　　　D. 1—3—2—4—6—5

4. 下列因素中，对色谱分离效率最有影响的是 (　　)。

A. 柱温　　　　　B. 载气的种类　　　　　C. 柱压　　　　　D. 固定液膜厚度

5. 气相色谱仪分离效率的好坏主要取决于 (　　)。

A. 进样系统　　　　　B. 色谱柱　　　　　C. 热导池　　　　　D. 检测系统

6. 正确开启与关闭气相色谱仪的程序是 (　　)。

A. 开启时先送气再送电，关闭时先停气再停电

B. 开启时先送电再送气，关闭时先停气再停电

C. 开启时先送气再送电，关闭时先停电再停气

D. 开启时先送电再送气，关闭时先停电再停气

7. 气相色谱分析的仪器中，色谱分离系统是装填了固定相的色谱柱，色谱柱的作用是 (　　)。

A. 分离混合物组分

B. 感应混合物各组分的浓度或质量

C. 与样品发生化学反应

D. 将其混合物的量信号转变成电信号

8. 物质的分离是在 (　　) 中完成的。

A. 进样口　　　　　B. 色谱柱　　　　　C. 流动相　　　　　D. 检测器

9. 气相色谱分析的仪器中，检测器的作用是 (　　)。

A. 感应到达检测器的各组分的浓度或质量，将其物质的量信号转变成电信号，并传递给信号放大记录系统

B. 分离混合物组分

C. 将其混合物的量信号转变成电信号

D. 感应混合物各组分的浓度或质量

10. TCD的基本原理是依据被测组分与载气（　　　）的不同。

　　A. 相对极性　　　　B. 电阻率　　　　　C. 相对密度　　　　　D. 热导率

11. 热导池检测器的灵敏度随着桥电流增大而增高，因此，在实际操作时桥电流应该（　　　）。

　　A. 越大越好　　　　　　　　　　　　B. 越小越好

　　C. 选用最高允许电流　　　　　　　　D. 在灵敏度满足需要时尽量用小桥流

12. 气液色谱法中，火焰离子化检测器（　　　）优于热导检测器。

　　A. 装置简单化　　B. 灵敏度　　　　C. 适用范围　　　　　D. 分离效果

13. 氢焰检测器的检测依据是（　　　）。

　　A. 不同溶液折射率不同　　　　　　　B. 被测组分对紫外光的选择性吸收

　　C. 有机分子在氢火焰中发生电离　　　D. 不同气体热导系数不同

14. 氢火焰离子化检测器中，使用（　　　）作载气将得到较好的灵敏度。

　　A. H_2　　　　　　　B. N_2　　　　　　　C. He　　　　　　　D. Ar

15. FID点火前需要加热至100℃的原因是（　　　）。

　　A. 易于点火　　　　　　　　　　　　B. 点火后不容易熄灭

　　C. 防止水分凝结产生噪声　　　　　　D. 容易产生信号

（二）填空题

1. 气相色谱法测定丙酮中水、甲醇、乙醇含量的测定依据是（　　　　　）。

2. 气相色谱法的两个基本理论是（　　　　　）和（　　　　　）。

任务三　测定化学试剂丙酮中的水、甲醇、乙醇

任务描述 ❯❯❯❯❯

　　丙酮样品依据《化学试剂　丙酮》（GB/T 686—2008）及《化学试剂　气相色谱法通则》（GB/T 9722—2023），使用气相色谱法中归一化法对丙酮中水、甲醇、乙醇的含量进行定量分析。

（1）会选择载气流速。

（2）会选择柱温。

（3）能说出色谱分析条件选择方法。

（4）会进行保留时间定性。

（5）会使用工作软件建立分析方法。

（6）能说出色谱法定量依据。

（7）培养独立思考和解决问题的意识。

（8）培养对科学的好奇心与探究欲。

1. 仪器

（1）气相色谱仪（配 TCD）。

（2）填充柱：柱长 2m；固定相：GDX-104 ［0.180～0.154mm（80～100 目）］或 Porapak Q ［0.180～0.154mm（80～100 目）］、$1\mu L$ 及 $10\mu L$ 微量注射器。

2. 试剂

（1）丙酮：$w \geqslant 99.9\%$。

（2）甲醇：$w \geqslant 99.9\%$。

（3）乙醇：$w \geqslant 99.9\%$。

一、校正因子

在气相色谱分析中，在一定色谱操作条件下，检测器所产生的响应信号，即色谱图上的峰面积 A_i 或峰高 h_i 与进入检测器的质量（或浓度）成正比，这是色谱定量分析的基础。即 $A_i \propto m_i$，或 $h_i \propto m_i$。

这种正比关系通过比例常数使之成为等式，有

$$m_i = f_i' A_i \tag{9-9}$$

或

$$c_i = f_i' A_i \tag{9-10}$$

式中，m_i 为组分的质量；c_i 为组分的浓度；f'_i 为组分 i 的绝对校正因子；A_i 为组分 i 的峰面积。

定量校正因子分为绝对校正因子和相对校正因子。

要得到绝对校正因子 f'_i 的值，一方面要准确知道进入检测器的组分的量 m_i，另外还要准确测量峰面积或峰高，需要严格控制操作条件，在实际操作中有困难。因此实际测量中通常不采用绝对校正因子，而采用相对校正因子。

相对校正因子是指组分 i 与另一标准物 s 的绝对校正因子之比，用 f_i 表示：

$$f_i = \frac{f'_i}{f'_s} = \frac{m_i A_s}{m_s A_i} \tag{9-11}$$

式中　f'_i——组分 i 的绝对校正因子；

　　　f'_s——标准物 s 的绝对校正因子；

　　　A_s——标准物峰面积；

　　　m_i——组分 i 质量；

　　　A_i——组分 i 峰面积；

　　　m_s——主体质量的数值。

气相色谱的相对校正因子常可以从手册和文献查到。但是有些物质的相对校正因子查不到，或者所用检测器类型或载气与文献的不同，这时就需要自己测定。测定相对校正因子最好是用色谱纯试剂。若无纯品，也要确知该物质的质量分数。测定时首先准确称量标准物质和待测物，然后将它们混合均匀进样，分别测出其峰面积，再进行计算。

二、定性分析方法

常用的色谱定性分析方法是利用保留值定性。其理论依据是：在一定的色谱条件下，每种物质都有各自确定的保留值，并且不受其他组分的影响。

1. 用已知物质对照定性

（1）用保留值直接对照定性。这是一种最简单的定性方法。分析相同色谱条件下的已知物质与待测样品，若已知物质与待测样品中未知组分的保留值相同，则认为该组分与已知物质为同一物质。

用保留值直接对照定性要求色谱操作条件要恒定。载气流速的微小波动，载气温度和柱温度的微小变化，都会使保留值改变，从而对定性结果产生影响。

（2）加入已知物质增加峰高法。在相同色谱条件下，将已知物质加入待测样品中，对比加入前后待测样品色谱峰高的变化，若待测样品中待测组分峰增高，可认为该组分与已知物质为同一物质。该方法适用于待测样品中只有少数未知物的定性和排除某一组分在样品中的存在。

（3）采用双柱、多柱定性。分别在两根或多根不同极性的色谱柱上，分析相同色谱条件下的已知物质与待测样品，若在不同的色谱柱上已知物质与待测样品中未知组分的保留值均相同，可认为该组分与已知物质为同一物质。该方法适用于不同物质在同一色谱柱上保留值可能相同的情况。

2. 相对保留值定性

在相同色谱条件下，分别将标准样品和待测样品进行色谱分析，计算各组分相对参比组分（待测样品中的某一组分）的相对保留值，相对保留值相同的组分可确定为同一种物质。

相对保留值只受柱温和固定相性质的影响，而柱长、固定相的填充情况（即固定相的紧密情况）和载气的流速均不影响相对保留值。因此在柱温和固定相一定时，相对保留值为定值，可作为较为可靠的定性参数。

由于在相同的色谱条件下，不同物质也可能具有相似或相同的保留值，即保留值并不是专属的，因此对于一个完全未知的混合样品单靠保留值或相对保留值定性难以得到正确的结果，需要结合其他先进的仪器（如红外光谱仪、质谱仪等）进行色谱定性分析。

三、定量分析方法——归一化法

气相色谱法定性参数

归一化法是以样品中被测组分经过校正的峰面积（或峰高）占样品中各组分经过校正的峰面积（或峰高）的总和的比例来表示样品中各组分含量的定量方法，各组分所占比例之和等于 1（100%）。

假设试样中有 n 个组分，每个组分的质量分别为 m_1、m_2、$\cdots$、m_n，在一定条件下测得各组分的峰面积分别为 A_1、A_2、$\cdots$、A_i、$\cdots$、A_n，则组分 i 的质量分数 w_i 可按下式计算：

$$w_i = \frac{m_i}{m_1 + m_2 + \cdots + m_n} = \frac{f_i A_i}{f_1 A_1 + f_2 A_2 + \cdots + f_n A_n} \tag{9-12}$$

若各组分的 f_i 值相近或相同，例如同系物中沸点接近的各组分，则上式可简化为：

$$w_i = \frac{A_i}{A_1 + A_2 + \cdots + A_i + \cdots + A_n} \tag{9-13}$$

对于狭窄的色谱峰，也可用峰高代替峰面积来进行定量测定。

归一化法要求：所有组分在试验条件下应全部流出，并在检测器上均能产生信号；色谱图中所显示的色谱峰不应有平头峰和畸变峰。

归一化法的优缺点：归一化法简便、准确，不要求准确进样，操作条件的变化（如载气流速）对定量的结果影响不大，适用于多组分样品的全分析，不适用于痕量分析。但是试样中所有组分必须全部流出色谱柱，并在色谱图上出现色谱峰。另外校正因子的测定比较麻烦。

四、气相色谱分析条件的选择

1. 操作温度的选择

（1）气化室（进样口）温度。气化温度越高对分离越有利，一般选择比柱温高 30～70℃。进样量大的话一般比柱温高 50～100℃。气体样品本身不需要汽化，但为了防止水分凝结，习惯设置在 100℃ 以上。

正确选择液体样品的汽化温度十分重要，尤其对高沸点和易分解的样品，要求在汽化温度下，样品能瞬间汽化而不分解。一般仪器的最高汽化温度为 350～420℃，有的可达 450℃，大部分气相色谱仪应用的汽化温度在 400℃ 以下。

（2）柱温。柱温是影响分离的最重要的因素，选择柱温主要是考虑试样沸点和对分离的要求，控制柱温的注意事项如下。

① 应使柱温控制在固定液的最高使用温度（超过该温度固定液易流失）和最低使用温度（低于该温度固定液以固体形式存在）之间。

② 柱温升高，分离度会下降，色谱峰变窄变高。柱温越高，组分挥发度越大，低沸点组分的色谱峰易出现重叠。柱温越低，分离度越大，但保留值也变大，一定程度上可以改善组分的分离。

③ 柱温一般选择在接近或略低于组分平均沸点的温度。

④ 对于组分复杂，沸程宽的试样，采用程序升温。

（3）检测器温度。气相色谱仪检测器和气化室各有独立的恒温调节装置，其温度控制及测量与色谱柱的恒温箱类似，不同种类的检测器温度控制精度要求相差很大。

一般要求检测器温度比柱温高 20～50℃，对于 FID 检测器，为了防止水蒸气冷凝，灵敏度下降，噪声增加。所以，要求 FID 检测器温度必须在 120℃ 以上。

2. 载气流速的选择

气相色谱根据速率理论，载气流速高时，传质阻力项 Cu 是影响柱效的主要因素，流速越高，柱效越低。当载气流速低时，分子扩散项 B/u 是影响柱效的主要因素，流速越高，柱效越高。由于流速对这两项完全相反的作用，流速对柱效的总影响产生一个最佳流速值，以塔板高度 H 对应流速 u 作图（如图 9-20 所示），曲线最低点的流速即为最佳流速。最佳流速使塔板高度 H 最小，柱效能最高。最佳流速一般通过实验来选择。使用最佳流速虽然柱效高，但分析速度慢，因此实际工作中，为了加快分析速度，同时又不明显增加塔板高度的情况下，一般采用比最佳流速稍大的流速进行测定。

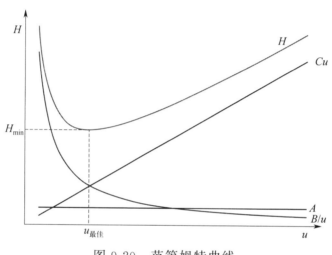

图 9-20 范第姆特曲线

3. 其他操作条件的选择

（1）进样量的选择。在进行气相色谱分析时，进样量要适当。若进样量过大，超过柱容量，将致使色谱峰形不对称程度增加、峰变宽、分离度变小、保留值发生变化；峰高和峰面积与进样量不成线性关系，无法定量。若进样量太小，又会因检测器灵敏度不够，不能准确检出。一般对于内径 $3\sim4mm$，固定液用量为 $3\%\sim15\%$ 的色谱柱，检测器为 TCD 时液体进样量为 $0.1\sim10\mu L$；检测器为 FID 时进样量一般不大于 $1\mu L$。

（2）检测器的选择。一般以 FID 居多，对于 FID 不能检测的无机气体及水的分析常选择 TCD。

五、气相色谱仪维护及保养

1. 气路系统

通常仪器可接受载气纯度要求 99.995% 以上，如果载气中混有杂质，会导致基线噪声的增加，从而影响到检测灵敏度。此外，为了进一步保证气体的质量，建议在气路中安装气体捕集阱，比如水分、烃类、氧气等捕集阱。

2. 进样系统

（1）进样隔垫的维护。隔垫属于消耗品，如果不及时更换会导致系统漏气。若使用时间过长，隔垫产生的碎屑还会在衬管或者分流平板上聚集，出现隔垫流失的干扰峰。

在下列情况下需更换垫片：注入次数约 100 次；保留时间、峰面积的重复性变差；达不到设定压力；检测出鬼峰；基线波动。

（2）玻璃衬管的维护。对于衬管而言，如果受到污染，不挥发的基体将会残留在衬管中，吸附之后注入的样品，会导致鬼峰、峰的丢失、峰面积重现性差、灵敏度下降、拖尾等问题，此时需更换新的衬管。

3. 注射器

（1）注射器内未进试样时，尽量避免推动柱塞，有时会损伤注射器的内壁。

（2）使用前、后要先用丙酮等溶剂清洗注射器。否则试样中的污垢等残留在注射器内，会导致柱塞不能移动而报废。

（3）若柱塞的活动不畅时，用溶剂（一般常用下述溶液依次清洗：5% NaOH 溶液、纯水、丙酮、氯仿）清洗注射器内部。

4. 分离系统

（1）柱箱升温前一定要通载气，等柱箱冷却后再关载气。

（2）载气进入仪器管路前必须经过净化器。载气中若夹带灰尘或其他颗粒状物体可能会导致色谱柱迅速损坏。

（3）在大多数情况下，柱的寿命与它的使用温度成反比。采用稍低些的温度上限，可显著提高柱的寿命，程序升温到较高温度所维持的时间越短，对柱的寿命影响越小。

（4）新柱、不常用的柱或出现污染的色谱柱需要进行老化处理。

5. 检测系统

FID 因附着高沸点成分或污垢，检测器污染时需要进行清洗，但如只是轻度污染时可用下列方法恢复：

（1）FID 点火；

（2）氢气和空气流量增至平常时的 3 倍；

（3）维持此状态 30～60min 后，恢复流量到平常值。

一、开机及初步设置实验参数

1. 气路调节

开氢气钢瓶总阀或开启氢气发生器，调输出压力至所需的压力（通常仪器要求 0.3～0.5MPa），检查各连接部分不得漏气，旋下"热导放空"密封螺母。

2. 设置参数

参考条件如下：

载气及流速：氢气，40mL/min；温度设置：柱温度为 130℃，气化室温度为 170℃，检测器温度为 150℃；进样量：3μL。

二、定性分析

仪器稳定后，分别注入丙酮、纯水、甲醇、乙醇各 0.1μL，记录保留时间至表 9-11。

气相色谱仪
进样操作

> **注意事项** ·······································
>
> 在用气相色谱法定量测定某组分含量出现平顶峰时，可以通过减小进样量或降低灵敏度的方法使色谱峰形在正常范围。一般情况下减小进样量较为理想。

三、选择分析条件

（1）在柱温分别为 110℃、120℃、130℃、140℃、150℃时，每次注入 3μL 混合标准溶液，根据测定结果，选择最佳柱温。

（2）设定柱温为最佳柱温，流速分别调整为 20mL/min、30mL/min、40mL/min、50mL/min、60mL/min，每次注入 3μL 混合标准溶液，根据测定结果，选择最佳流速。

将测定结果记录至表 9-11。

> **注意事项** ·······································
>
> （1）改变柱温和流速后，待仪器稳定后再进样。
>
> （2）控制柱温的升温速率，切忌过快，以保持色谱柱的稳定性。

四、相对校正因子的测定

设定仪器条件为最佳柱温和载气流速，等待仪器稳定后，吸取 $3\mu L$ 混合标准溶液，进样，根据测定结果，计算各组分相对于丙酮的相对校正因子。

以水为例，按下式计算相对校正因子：

$$f_水 = \frac{A_{丙酮}\ m_水}{A_水\ m_{丙酮}}$$

式中，$m_水$、$m_{丙酮}$ 分别为水和丙酮的质量，g；$A_水$、$A_{丙酮}$ 分别为水和丙酮的峰面积，$\mu V \cdot S$。

将结果记录至表 9-11。

✈ **注意事项**

采用微量注射器手动进样，一般平行进样三次，求峰面积平均值；若采用自动进样器，进样一次即可。

五、定量分析

1. 丙酮试样中水、甲醇、乙醇的质量分数

吸取 $3\mu L$ 丙酮试样，进样，根据测定结果，按归一化法计算试样中水、甲醇、乙醇的质量分数。

计算公式如下：

$$w_i = \frac{A_i f_i}{\sum (A_i f_i)}$$

式中，w_i 为试样中 i 组分的质量分数；A_i 为组分 i 的峰面积，$\mu V \cdot S$；f_i 为组分 i 的校正因子。

平行测定两次结果的差值不大于 5%，取算术平均值作为测定结果。将测定结果记录至表 9-11。

2. 质控样测定

按质控样证书的要求，配制质控样。按样品溶液测定方法测定质控样。

六、质控判断

将质控样检测结果与质控样证书比较，如果超出其扩展不确定度范围，则本

次检测无效，需要重新进行检测，若没超出其扩展不确定度范围，则本次检测有效。

七、关机及结束

工业叔丁醇质量检验（归一化法）

（1）实验结束，将 TCD "桥流" 设置为 "0"，关闭热导池开关。

（2）将柱温、气化室温度、检测器温度调节至室温以下，停止加热，等待柱温和检测器温度接近室温，旋上 "热导放空" 密封螺母，关掉主机电源开关，关闭载气。

（3）关闭色谱工作站。

（4）清理仪器台面，填写仪器使用记录。

任务实施记录 ⋯⋯⋯⋯

填写表 9-11。

表 9-11 测定化学试剂丙酮中水、甲醇、乙醇原始记录

记录编号			
样品名称		样品编号	
检验项目		检验日期	
检验依据		判定依据	
温度		相对湿度	
检验设备（标准物质）及编号			

仪器条件：
检测器＿＿＿＿＿＿　　　　载气及流速＿＿＿＿＿mL/min
柱长＿＿＿＿＿m　　　　　固定相＿＿＿＿＿＿＿

一、混合标准溶液

组分	丙酮	纯水	甲醇	乙醇
m/g				

二、定性分析

标准物质名称	丙酮	水	甲醇	乙醇
保留值 t_R/min				
试样各组分出峰顺序				

三、柱温的选择

柱温/℃	保留值 t_R/min				分离度 R		
	丙酮	水	甲醇	乙醇	1	2	3
110							
120							
130							
140							
150							

最佳柱温：

四、载气流速的选择(柱温_____℃)

载气流速 /(mL/min)	保留值 t_R/min				分离度 R		
	丙酮	水	甲醇	乙醇	1	2	3
20							
30							
40							
50							
60							

最佳流速：

五、相对校正因子的测定(柱温_____℃;载气流速_____mL/min)

组分名称		水	甲醇	乙醇	丙酮
峰面积 A/($\mu V \cdot S$)	1				
	2				
	3				
相对校正因子	1				
	2				
	3				
相对校正因子的平均值					
相对标准偏差/%					

六、定量分析

组分名称		水	甲醇	乙醇	丙酮
峰面积 A/($\mu V \cdot S$)	1				
	2				
	3				
质量分数/%	1				
	2				
	3				

质量分数的平均值/%				
相对标准偏差/%				
七、质控样				

质控样配制方法：

质控样证书含量： 　　　　　扩展不确定度：

峰面积 $A/(\mu V \cdot S)$				
质量分数/%				
质控样含量				
本次检测			有效□；无效□	
检验人			复核人	

任务评价 ⇢ ⇢ ⇢

填写任务评价表，见表 9-12。

表 9-12　任务评价表

序号	评价指标	评价要素	自评
1	开机	检查漏气 参数设置 操作顺序	
2	数据测量	条件设置正确 定性正确 分析方法建立 质控样检测 能说出定量依据 能说出归一化法	
3	结束工作	关机顺序 工作台整洁 填写仪器实验记录卡	

思考题

（一）选择题

1. 气相色谱的定性参数没有（　　　）。

A. 保留值　　　　B. 相对保留值　　C. 保留指数　　　D. 峰高或峰面积

2. 气相色谱的定量参数有（　　　）。

A. 保留值　　　　B. 相对保留值　　C. 保留指数　　　D. 峰高或峰面积

3. 气相色谱图中，与组分含量成正比的是（　　　）。

A. 保留时间　　　B. 相对保留值　　C. 分配系数　　　D. 峰面积

4. 色谱分析中，归一化法的优点是（　　　）。

A. 不需准确进样　B. 不需校正因子　C. 不需定性　　　D. 不用标样

5. 用气相色谱法定量时，要求混合物中每一个组分都必须出峰的是（　　　）。

A. 外标法　　　　　B. 内标法　　　　　C. 归一化法　　　D. 工作曲线法

6. 用气相色谱测定一有机试样，该试样为纯物质，但用归一化法测定的结果却为含量的 60%，其最可能的原因为（　　　）。

A. 计算错误　　　　　　　　　B. 试样分解为多个峰

C. 固定液流失　　　　　　　　D. 检测器损坏

7. 气相色谱仪在使用中若出现峰不对称，可通过（　　　）排除。

A. 减少进样量　　　　　　　　B. 增加进样量

C. 减少载气流量　　　　　　　D. 降低柱温

8. 下列气相色谱操作条件中，正确的是（　　　）。

A. 气化温度越高越好

B. 使最难分离的物质能很好分离的前提下，尽可能采用较低的柱温

C. 选择较低载气流速

D. 检测室温度应低于柱温

9. 气相色谱分析中，气化室的温度宜选为（　　　）。

A. 试样中沸点最高组分的沸点　　B. 试样中沸点最低组分的沸点

C. 试样中各组分的平均沸点　　　D. 比试样中各组分的平均沸点高 50~80℃

（二）填空题

1. 气相色谱归一化法定量的条件是（　　　　　　　　　）流出色谱柱，并且在所用检测器上都能（　　　　　　　　　）。

2. 本任务中各组分出峰的顺序是（　　　　　　　　　　　　　　　）。

（三）计算题

用热导型检测器分析乙醇、正庚烷、苯和乙酸乙酯混合物，数据见表 9-13。

表 9-13　热导型检测器测定数据

化合物	峰面积/cm²	相对质量校正因子	化合物	峰面积/cm²	相对质量校正因子
乙醇	5.100	1.22	苯	4.000	1.00
正庚烷	9.020	1.12	乙酸乙酯	7.050	0.99

试计算各组分含量。

项目十

气相色谱法测定工业酒精中的高级醇

工业酒精即工业上使用的酒精，也称变性酒精、工业火酒。工业酒精的主要成分是乙醇（C_2H_5OH），含量在95%以上，还含有水、甲醇和其他高级醇等物质。高级醇俗称杂醇油，是指碳原子数超过2的脂肪族醇类，是酒精发酵的副产品，一般用气相色谱法或气质联用法进行检测。

本项目采用气相色谱法测定工业酒精中高级醇的含量，以内标法定量，共包括两个工作任务。

任务一 识读检测标准及样品前处理

任务描述

依据《工业酒精》（GB/T 394.1—2008）、《酒精通用分析方法》（GB/T 394.2—2008），采用气相色谱法对工业酒精中的高级醇进行检测，在仔细阅读、理解标准的基础上，准备所需的仪器、试剂，并对样品进行前处理。

任务目标

（1）会查找方法检出限、精密度。

（2）会配制所需溶液。

（3）会对样品进行前处理。

（4）能概括内标法的检测方法。

（5）会归纳内标法的注意事项。

（6）培养社会责任感。

（7）具有从事本专业工作的职业道德。

仪器、试剂

1. 仪器

气相色谱仪：配 PEG-20M 毛细管柱（柱内径 0.25mm，柱长 25～30m），也可选用其他有同等分析效果的毛细管柱。

2. 试剂

（1）正丙醇：标准物质。

（2）正丁醇：标准物质。

（3）异丁醇：标准物质。

（4）异戊醇：标准物质。

知识链接

一、定量分析方法——内标法

气相色谱法测定时，若试样中所有组分不能全部出峰，或只要求测定试样中某个或某几个组分的含量时，可采用内标法。内标法是选择一种物质作为内标物，与试样混合后进行分析。具体做法是：准确称取样品，加入一定量某种纯物质作为内标物，然后进行色谱分析，再由被测物和内标物在色谱图上相应的峰面积和相对校正因子，求出某组分的含量。

根据色谱定量分析的基础 $m_i = f_i A_i$，得到以下计算公式：

$$\frac{m_i}{m_s} = \frac{A_i f_i}{A_s f_s}$$

转化后得到

$$m_i = \frac{A_i f_i}{A_s f_s} m_s \qquad (10\text{-}1)$$

所以

$$w_i = \frac{m_i}{m} = \frac{A_i f_i}{A_s f_s} \times \frac{m_s}{m} \qquad (10\text{-}2)$$

式中，m_s、m 分别为内标物质量和样品质量，A_i、A_s 分别为被测组分和内标物的峰面积（也可以用峰高代替），f_i、f_s 分别为被测组分和内标物的相对校正因子。

在实际工作中，一般以内标物作为基准物质，即 $f_s = 1$，此时含量计算公式可以简化为：

$$w_i = \frac{A_i}{A_s} \times \frac{m_s}{m} \times f_i \qquad (10\text{-}3)$$

内标法的准确性较高，操作条件和进样量的稍许变动对定量结果的影响不大，但对于每个试样的分析，都要先进行两次称量，不适合大批量试样的快速分析。此外，选择合适的内标物也比较困难。

二、内标物的选择

对于内标法来说，内标物的选择是极其重要的，它必须满足以下条件。
（1）内标物应是试样中不存在的纯物质。
（2）内标物与待测组分的保留值接近，但又完全分离。
（3）内标物与样品应完全互溶，但不能发生化学反应。
（4）内标物加入量应接近待测组分含量，从而使二者色谱峰大小相近。

任务实施 ⇢ ⇢ ⇢

一、阅读与查找标准

仔细阅读《工业酒精》（GB/T 394.1—2008）、《酒精通用分析方法》（GB/T 394.2—2008），理解内标法测定工业酒精中高级醇的整个流程，找出方法的适用范围、相关标准、方法原理、精密度等内容，并列出所需的其他相关标准。将查找结果填入表 10-1。

二、配制试剂

（1）正丙醇溶液（1g/L）：作标样用。称取正丙醇 0.05g，精确至 0.0001g，用基准乙醇定容至 50mL。

（2）正丁醇溶液（1g/L）：作内标用。称取正丁醇 0.05g，精确至 0.0001g，用基准乙醇定容至 50mL。

（3）异丁醇溶液（1g/L）：作标样用。称取异丁醇 0.05g，精确至 0.0001g，用基准乙醇定容至 50mL。

（4）异戊醇溶液（1g/L）：作标样用。称取异戊醇 0.05g，精确至 0.0001g，用基准乙醇定容至 50mL。

注意事项

基准乙醇是体积分数为 95% 的乙醇，其中主要杂质的限量规定为：甲醇小于 2mg/L，正丙醇小于 2mg/L，高级醇（异丁醇＋异戊醇）小于 1mg/L。

三、试样前处理

1. 配制样品溶液

取少量待测酒精试样于 10mL 容量瓶中，准确加入正丁醇溶液 0.2mL，然后用待测样稀释至刻度，混匀。

2. 配制质控样溶液

按质控样证书的要求，配制质控样溶液，然后同试样溶液一起采用内标法测定。

任务实施记录 ⇢ ⇢ ⇢

填写表 10-1。

表 10-1　识读检测标准及样品前处理记录

记录编号			
一、阅读与查找标准			
相关标准			
方法原理			
精密度			
二、标准溶液			
正丙醇标准物质编号：			
m/g		$V_{定容}$/mL	
$\rho_{正丙醇}$/(g/L)			
正丁醇标准物质编号：			
m/g		$V_{定容}$/mL	
$\rho_{正丁醇}$/(g/L)			
异丁醇标准物质编号：			
m/g		$V_{定容}$/mL	
$\rho_{异丁醇}$/(g/L)			
异戊醇标准物质编号：			
m/g		$V_{定容}$/mL	
$\rho_{异戊醇}$/(g/L)			

三、试样前处理			
m_x/g		$V_{定容}$/mL	
四、质控样配制方法及含量			
检验人		复核人	

任务评价 ⇢⇢⇢⇢

填写任务评价表，见表 10-2。

表 10-2　任务评价表

序号	评价指标	评价要素	自评
1	阅读与查找标准	相关标准 方法原理 精密度	
2	试样前处理	称量操作规范 容量瓶操作规范 定容正确	
3	标液配制	计算思路 计算结果	
4	样品称量	天平使用 称量范围	

思考题

（一）选择题

1. 气相色谱分析的定量方法中，（　　）方法必须要求准确进样。

A. 外标法　　　　B. 内标法　　　　C. 标准加入法　　　D. 归一化法

2. 色谱定量分析的依据是色谱峰的（　　）与所测组分的质量（或浓度）成正比。

A. 峰高　　　　　B. 峰宽　　　　　C. 峰面积　　　　D. 半峰宽

3. 气相色谱分析中常用的载气是（　　）。

A. 氮气　　　　　B. 氧气　　　　　C. 氩气　　　　　D. 甲烷

4. 气相色谱定量分析时，当样品中各组分不能全部出峰或在多种组分中只需定量其中某几个组分时，可选用（　　）。

A. 归一化法　　　B. 标准曲线法　　C. 比较法　　　　D. 内标法

5. 气相色谱用内标法测定 A 组分时，取未知样 $1.0\mu L$ 进样，得组分 A 的峰面积为 $3.0cm^2$，组分 B 的峰面积为 $1.0cm^2$，取未知样 2.0000g，标准样纯 A 组分 0.2000g，

仍取 $1.0\mu L$ 进样，得组分 A 的峰面积为 $3.2cm^2$，组分 B 的峰面积为 $0.8cm^2$，则未知样中组分 A 的质量分数为（　　）。

    A. 10%   B. 20%   C. 30%   D. 40%

（二）填空题

1. 测定工业酒精中的高级醇含量是指（　　）和（　　）的含量之和。

2. 气相色谱分析内标法定量要选择一个适宜的（　　），并要与其他组分（　　）。

3. 气相色谱分析用内标法定量时，内标峰与（　　）要靠近，内标物的量也要接近（　　）的含量。

任务二　气相色谱内标法测定工业酒精中的高级醇

任务描述

依据《工业酒精》（GB/T 394.1—2008）、《化学试剂　气相色谱法通则》（GB/T 9722—2023），工业酒精前处理为溶液后，按《酒精通用分析方法》（GB/T 394.2—2008）中的 9.1.4 分析步骤进行测定，结果按 9.1.5 的规定计算。

任务目标

（1）会填写原始记录表格。

（2）会配制所需的溶液。

（3）会使用质控样进行实验室质量控制。

（4）会用内标法计算。

（5）具备吃苦耐劳和诚实守信的品质。

（6）培养精益求精的科学精神。

仪器、试剂

1. 仪器

气相色谱仪：配 PEG-20M 毛细管柱（柱内径 0.25mm，柱长 25～30m），也可选用其他有同等分析效果的毛细管柱。

2. 试剂

（1）正丙醇：标准物质。

（2）正丁醇：标准物质。

（3）异丁醇：标准物质。

（4）异戊醇：标准物质。

知识链接 ⇢ ⇢ ⇢

一、色谱法分离原理

色谱分析法是一种依据物质不同的物理化学性质（溶解性、极性、离子交换能力、分子大小等）进行分离的分析方法。

日常生活中有很多与色谱分离相似的情形，如：运动会上进行的跑步比赛和游泳比赛，运动员们都是在同一起跑线出发，却不是同时到达终点的，原因是他们的速度不同。色谱分离的基本原理是同样的。茨维特实验中，不同的色素在碳酸钙与石油醚的共同作用下在玻璃柱中呈现不同的运行速度，使其实现彼此分离。填充了 $CaCO_3$ 的玻璃管柱称为色谱柱，$CaCO_3$ 固体颗粒称为固定相，石油醚称为流动相，流出的色带称为色谱图。色谱分离的原理是利用不同物质在通过色谱柱时与流动相和固定相之间发生相互作用（固体固定相为吸附-脱附，液体固定相为溶解-挥发），由于这种相互作用的能力不同而产生不同的分配率，经过多次分配使混合物分离，并按先后次序从色谱柱后流出，如图 10-1 所示。

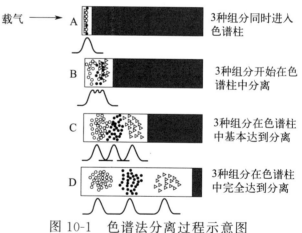

图 10-1　色谱法分离过程示意图

二、峰面积的测量

1. 峰高（h）乘半峰宽（$W_{1/2}$）法

当峰形对称时可采用此法，理论上已经证明，峰面积等于峰高与半峰宽乘积的 1.065 倍，即

$$A = 1.065 h W_{1/2} \tag{10-4}$$

2. 峰高乘平均峰宽法

对于峰形不对称的前伸峰或拖尾峰可采用此法，可在峰高 $0.15h$ 和 $0.85h$ 处分别测定峰宽，由式(10-5)计算峰面积：

$$A = 1/2(W_{0.15} + W_{0.85})h \qquad (10\text{-}5)$$

3. 自动积分和微机处理法

采用色谱数据处理机或色谱工作站可自动测量出峰面积和保留值数据并可以打印出来，此法精密度好，节省人力，实际工作中一般采用此法。

任务实施

一、开机与实验参数设置

气相色谱仪开机步骤如下。

（1）按当前气相色谱仪最佳条件开机，参考条件如下。

载气（高纯氮）：流速为 $0.5 \sim 1.0 \text{mL/min}$，分流比为（20：1）～（100：1），尾吹气约 30mL/min。

空气：流速为 300mL/min。

氢气：流速为 30mL/min。

柱温：起始柱温为 70℃，保持 3min，然后以 5℃/min 程序升温至 100℃，直至异戊醇峰流出。

检测器温度：200℃。

进样口温度：200℃。

（2）等待柱温、进样口和检测器升温完成，点火。

（3）点火成功后，等待基线已基本稳定，按"调零"按钮，将当前的基线电压调到零点。

注意事项

（1）使用氢火焰检测器时，严防色谱柱未接入检测器而打开气路系统的氢气，以防氢气充入柱箱，一旦开机可能引起爆炸！

（2）柱温：以使甲醇、乙醇、正丙醇、异丁醇、正丁醇和异戊醇获得完全分离为准。为使异戊醇的检出达到足够灵敏度，应设法使其保留时间不超过 10min。

（3）进样量与分流比的确定：应以使甲醇、正丙醇、异丁醇、异戊醇等组分在含量 1mg/L 时，仍能获得可检测的色谱峰为准。

（4）关机前一定要先熄灭氢火焰！

二、测定校正因子及结果计算

1. 校正因子的测定

吸取正丙醇溶液、异丁醇溶液、异戊醇溶液各 0.20mL 于 10mL 容量瓶中，准确加入正丁醇溶液 0.20mL，然后用基准乙醇稀释至刻度，混匀后，进样 1μL，色谱峰流出顺序为乙醇、正丙醇、异丁醇、正丁醇（内标）、异戊醇。

2. 结果计算

记录各组分峰的保留时间，并根据峰面积和添加的内标量，计算出各组分的相对校正因子 f 值。校正因子的计算公式：

$$f_{is} = \frac{f_i}{f_s} = \frac{m_i A_s}{m_s A_s}$$

则可得到：

$$f_{is} = \frac{f_i}{f_s} = \frac{d_i A_s}{d_s A_i} \tag{10-6}$$

式中　f_{is}——组分与内标物的相对校正因子；

　　　A_s——内标物的峰面积；

　　　A_i——组分 i 的峰面积；

　　　d_i——组分 i 的相对密度；

　　　d_s——内标物的相对密度。

三、试样测定及结果计算

1. 试样的测定

于配制好的试样溶液中取 1μL 进样，根据组分峰与内标峰的出峰时间定性。根据峰面积之比计算出各组分的含量，平行测定两次。

2. 质控样测定

质控样溶液的测定与样品溶液测定方法相同。

3. 结果计算

各组分含量的测定计算公式如下：

$$w_i = f_i \times \frac{A_i}{A_s} \times 0.020 \times 10^3 \tag{10-7}$$

式中　w_i——试样中各组分的质量浓度，单位为 mg/L；

　　　f_i——组分 i 的相对校正因子；

　　　A_i——组分 i 的峰面积；

　　　A_s——添加于试样中的内标峰面积；

0.020——试样中添加内标的质量浓度，单位为 g/L。

试样中高级醇的含量以异丁醇与异戊醇之和表示，所得结果表示至整数。

4. 精密度计算

在重复性条件下获得的各组分两次独立测定值之差，若含量大于等于 10mg/L，不得超过平均值的 10%；若含量小于 10mg/L，大于 5mg/L，不得超过平均值的 20%；若含量小于等于 5mg/L，不得超过平均值的 50%。

四、质控判断

将质控样检测结果与质控样证书比较，如果超出其扩展不确定度范围，则本次检测无效，需要重新进行检测，若没超出其扩展不确定度范围，则本次检测有效。

五、关机和结束工作

（1）实验结束后，关闭氢气气源、空气压缩机，关闭加热系统。待柱温降至室温后关掉主机电源开关，关闭载气，关闭色谱工作站。

（2）清理仪器台面，填写仪器使用记录。

✈ 注意事项

当出现紧急情况而需立即关机时，请按下述步骤操作：

（1）关闭气相色谱仪主机电源开关；

（2）关闭所有辅助设备的电源开关；

（3）关闭氢气的气源总阀；

（4）拔下仪器电源插头。

任务实施记录 ┄┄┄┄

填写表 10-3。

工业废水中甲苯
含量测定（内标法）

表 10-3　工业酒精中高级醇的检测记录

记录编号			
样品名称		样品编号	
检验项目		检验日期	

检验依据		判定依据	
温度		相对湿度	
检验设备(标准物质)及编号			

仪器条件：

载气：_____ mL/min　　　分流比：_____

尾吹气：_____ mL/min　　　氢气：_____ mL/min

空气：_____ mL/min

柱温：_____

进样口温度：_____ ℃　　　检测器温度 _____ ℃

一、标准溶液测定

组分名	乙醇	正丙醇	异丁醇	异戊醇	正丁醇(内标)	其他
$\rho/(g/L)$						
t_R/min						
d_i						
A_i						
f						

二、样品溶液定性分析

t_R/min						其他
组分名					正丁醇(内标)	

三、样品溶液定量分析

组分名					
t_R/min					
A					
$\rho/(mg/L)$					
高级醇含量/(mg/L)					
Rsd/%					

四、质控样

质控样配制方法：

质控样证书含量：　　　　扩展不确定度：

组分名					
t_R/min					
A					
$\rho/(mg/L)$					
质控样含量					
本次检测		有效□；无效□			
检验人		复核人			

任务评价 ⇢ ⇢ ⇢

填写任务评价表，见表10-4。

表 10-4　任务评价表

序号	评价指标	评价要素	自评
1	开机、关机	检查漏气 气体压力设定	
2	数据测量	条件设置 选择内标物 配制内标溶液 样品处理 程序升温设置 定性分析 测量顺序 定量分析 控制样分析	
3	结束工作	燃烧器清洗 关气顺序 电源关闭 填写仪器实验记录卡	
4	数据处理	计算过程 计算结果 有效数字	

思考题

（一）选择题

1. 用色谱法进行定量分析时，要求在同一样品溶液中加入内标物质作为参照的测定方法称为（　　）。

A. 内标法　　　　B. 外标法　　　　C. 归一化法　　　　D. 自身对照法

2. 在气相色谱分析中，下列因素对色谱分离效率影响最大的是（　　）。

A. 载气种类　　　B. 柱压　　　　C. 柱温　　　　　D. 固定液膜厚度

3. 气相色谱分析使用氢火焰离子化检测器时，检测器温度不低于（　　）。

A. 100℃　　　　B. 150℃　　　　C. 200℃　　　　D. 250℃

4. 下列检测中不属于气相色谱法的检测器有（　　）。

A. 火焰离子化检测器　　　　　　B. 热导检测器

C. 紫外检测器　　　　　　　　　D. 电子捕获检测器

（二）简答题

1. 程序升温法适用于哪种样品的分析？

2. 内标法与归一化法有哪些不同的操作？

项目十一

气相色谱法测定居住区大气中的苯、甲苯和二甲苯

在居住区的新居和办公场所装修过程中，大量的苯、甲苯、二甲苯等苯系物被用作油漆、涂料中的稀释剂和黏合剂，居民开窗通风后，苯、甲苯、二甲苯便释放到了周围的大气中。苯、甲苯、二甲苯对人的中枢神经系统及血液系统具有毒害作用，长期吸入较高浓度的有毒有害苯类气体，会引起头痛、头晕、失眠及记忆力衰退并导致血液系统疾病。

本项目为外标法测定居住区大气中苯、甲苯、二甲苯的含量，共包括两个工作任务。

任务一 识读检测标准及样品前处理

任务描述

依据《环境空气 苯系物的测定 活性炭吸附/二硫化碳解吸-气相色谱法》（HJ 584—2010），采用气相色谱外标法对居住区大气中的苯、甲苯和二甲苯进行检测，在仔细阅读、理解标准的基础上，准备所需的仪器、试剂，并对样品进行前处理。

任务目标

（1）会查找方法检出限、精密度。

（2）会配制所需溶液。

（3）会对样品进行前处理。

（4）能说出气相色谱外标法测定的方法。

（5）培养对社会和环境的责任感。

（6）培养对他人的关心和帮助意识。

仪器、试剂 ⇢⇢⇢⇢⇢

1. 仪器

（1）气相色谱仪（配 FID）。

（2）毛细管柱：固定液为聚乙二醇（PEG-20M），30m×0.32mm×1.00μm 或等效毛细管柱。

（3）大气采样器：能在 0～1.5L/min 内精确保持流量。

（4）活性炭采样管：采样管内装有两段特制的活性炭，A 段 100mg，B 段 50mg。A 段为采样段，B 段为指示段。

（5）温度计：精度 0.1℃。

（6）气压计：精度 0.01kPa。

（7）磨口具塞试管：5mL。

（8）进样瓶：1.5mL。

2. 试剂

（1）二硫化碳。

（2）苯：色谱纯。

（3）甲苯：色谱纯。

（4）二甲苯：色谱纯。

知识链接 ⇢⇢⇢⇢⇢

一、大气采样器

大气采样器是采集大气污染物或受污染空气的仪器或装置，如图 11-1 所示。其种类很多，按采集对象可分为气体采样器和颗粒物采样器；按使用场所可分为环境采样器、室内采样器和污染源采样器。此外，还有特殊用途的大气采样器，如同时采集气体和颗粒物质的采样器。气体采样器一般由收集器、流量计和抽气动力系统三部分组成。

大气采样器对于空气以及环境中有害气体的检测

图 11-1　大气采样器

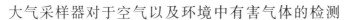

起到了很好的作用。随着科学技术的不断进步，大气采样器也不断创新，常用的大气采样器具有体积小、使用方便、使用简单等特点。

二、活性炭采样管

活性炭采样管属于用固体吸附剂采集空气中有毒物质的一种常见采样管，如图 11-2 所示。活性炭采样管可采集苯、甲苯、二甲苯、碘甲烷、甲烷、吡啶、三氯乙烷、环乙烷、乙苯等许多有毒物质。

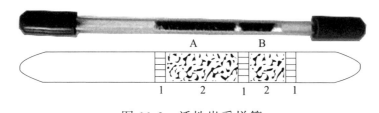

图 11-2　活性炭采样管

1—玻璃棉；2—活性炭；A—100mg 活性炭；B—500mg 活性炭

活性炭采样管按照解吸方法可分为溶剂解吸型和热解吸型。

1. 溶剂解吸型

常用规格有 6mm×80mm、6mm×120mm、6mm×150mm，内装处理好的 20~40 目活性炭 150mg，共分为两段，前段（B 段）为 50mg，后段（A 段）为 100mg，玻璃管两端熔封，熔封口两段长度约为 2mm。采样时在采样点用小砂轮或采样管切割器打开采样管两端，50mg 端（B 段）与采样器进气口相连，然后根据采样流量和采样时间开始采样，采样结束后将采样管两端套上塑料帽或聚四氟乙烯帽进行密封，带回实验室处理分析。

2. 热解吸型

常用规格有 6mm×120mm、6mm×150mm，内装处理好的 20~40 目活性炭 100mg 并偏向一端，玻璃管两端熔封，熔封口两段长度约为 2mm。采样时在采样点用小砂轮或采样管切割器打开采样管两端，把活性炭偏向的一端与采样器进气口相连，然后根据采样流量和采样时间开始采样，采样结束后将采样管两端套上塑料帽或聚四氟乙烯帽进行密封，带回实验室处理分析。

三、载气的选择

选择什么气体作为载气（或毛细管柱尾吹气），取决于色谱柱和检测器的需要。通常选择气体除了取决于色谱柱和检测器的需要之外，可能还要考虑价格因素及购买是否方便。表 11-1 和表 11-2 是常用载气种类及推荐流速。

表 11-1 常用载气

检测器	载气	说明
TCD	He	通用
	H_2	灵敏度高
FID、NPD、FPD	N_2	灵敏度最高
	He	可用于替换
ECD	N_2	灵敏度最高
	Ar/CH_4	最大动态范围

表 11-2 载气流速推荐

类型	直径	载气流速/(mL/min)		
		氢气	氦气	氮气
填充柱	1/8in①	30	30	20
填充柱	1/4in	60	60	50
毛细管柱	0.05mm	0.2～0.5	0.1～0.3	0.02～0.1
毛细管柱	0.1mm	0.3～1	0.2～0.5	0.05～0.2
毛细管柱	0.2mm	0.7～1.7	0.5～1.2	0.2～0.5
毛细管柱	0.25mm	1.2～2.5	0.7～1.7	0.3～0.6
毛细管柱	0.32mm	2～4	1.2～2.5	0.4～1.0
毛细管柱	0.53mm	5～10	3～7	1.3～2.6

① 1in＝2.54cm。

任务实施 ❯❯❯❯

一、阅读与查找标准

仔细阅读《环境空气 苯系物的测定 活性炭吸附/二硫化碳解吸-气相色谱法》（HJ 584—2010），理解气相色谱法测定居住区大气中苯、甲苯和二甲苯的整个流程，找出方法的适用范围、检测下限、干扰、方法原理、精密度和准确度等内容，并列出所需的其他相关标准。将查找结果填入表 11-3。

二、配制试剂

根据《环境空气 苯系物的测定 活性炭吸附/二硫化碳解吸-气相色谱法》（HJ 584—2010）、《化学试剂 气相色谱法通则》（GB/T 9722—2023）、《化学试剂 杂质测定用标准溶液的制备》（GB/T 602—2002）的要求，配制合适质量浓度的各标准使用液。

加约 5mL 二硫化碳于 10mL 容量瓶中，用微量注射器准确加入苯、甲苯和

二甲苯各 $10\mu L$（色谱纯：在 $20℃$，$1\mu L$ 苯、甲苯、邻二甲苯、间二甲苯、对二甲苯分别为 $0.8787mg$、$0.8669mg$、$0.8802mg$、$0.8642mg$、$0.8611mg$），用二硫化碳稀释至刻度，配成标准储备溶液。或用国家认可的标准溶液配制。

三、采样及样品处理

1. 采样前对采样器进行校准

在采样现场，将一只采样管与大气采样器装置相连，调整采样装置流量，此采样管只作为调节流量用，不作采样分析。

2. 采样

在采样地点敲开活性炭管两端，孔径至少 $2mm$，与大气采样器入气口垂直连接，以 $0.2\sim0.6L/min$ 的速度采气 $1\sim2h$（废气采样时间 $5\sim10min$）。采样后，将管的两端套上聚四氟乙烯帽，并记录采样流量、当前温度、大气压力和采样地点。

3. 样品的保存

采集好的样品立即用聚四氟乙烯帽将活性炭采样管的两端封闭，避光密闭保存，室温下 $8h$ 测定。否则需放入密闭容器中，保存于 $-20℃$ 冰箱中，保存期限为 $1d$。

4. 空白样品的采集

将活性炭管带到采样现场，敲开两端后立即用聚四氟乙烯帽密封，并同已采集样品的活性炭管一同存放并带回实验室分析。每次采集样品，都应至少带回一个现场空白样品。

5. 样品（空白）的解吸

将采样管的前后段活性炭分别放入磨口具塞试管中，各加入 $1.00mL$ 二硫化碳，塞紧管塞，振摇 $1min$，在室温下解吸 $1h$，解吸液供测定。若浓度超过测定范围，用二硫化碳稀释后测定，计算时乘以稀释倍数。

6. 测定加标回收率的溶液

分别吸取样品活性炭管的前、后段解吸液 $0.500mL$ 于 2 只进样瓶中，每只进样瓶中同样准确加入苯、甲苯和二甲苯各 $10\mu g$。

任务实施记录 ⇢ ⇢ ⇢

填写表 11-3。

表 11-3　识读检测标准及样品前处理记录

记录编号			
一、阅读与查找标准			
相关标准			
方法原理			
检出限		测定下限	
精密度		准确度	
标准溶液标准物质编号：			
二、测定加标回收率的溶液（活性炭管的前、后段）			
组分名称	苯	甲苯	二甲苯
原样品解吸液体积/mL			
加标后溶液体积/mL			
加入标样的质量/μg			
检验人		复核人	

任务评价

填写任务评价表，见表 11-4。

表 11-4　任务评价表

序号	评价指标	评价要素	自评
1	阅读与查找标准	相关标准 方法原理 定量限	
2	试样前处理	采样操作规范 保存方法正确 加标回收率溶液制备正确	

思考题

（一）选择题

1. 气相色谱仪的毛细管柱内（　　）空心。

A. 是 　　　　　　　　　　　　B. 不是

C. 有的是，有的不是 　　　　　D. 不确定

2. 在气相色谱分析中，一个特定分离的成败，在很大程度上取决于（　　）的选择。

A. 检测器　　　B. 色谱柱　　　C. 皂膜流量计　　D. 记录仪

3. 在气相色谱流程中，载气种类的选择，主要考虑与（　　）相适宜。

A. 检测器　　　B. 气化室　　　C. 转子流量计　　D. 记录

4. 用气相色谱法测定 O_2、N_2、CO、CH_4、HCl 等气体混合物时应选择的检测器是（　　　）。

A. FID　　　　　　　B. TCD　　　　　　　C. ECD　　　　　　　D. FPD

5. 用气相色谱法测定混合气体中的 H_2 含量时应选择的载气是（　　　）。

A. H_2　　　　　　　B. N_2　　　　　　　C. He　　　　　　　D. CO_2

（二）填空题

1. 测定大气中苯、甲苯和二甲苯的依据是（　　　　　　　　　　　　），检测方法是（　　　　　　　　　　　　）。

2. 气相色谱定量分析方法有（　　　　）、（　　　　）、（　　　　）。

任务二　样品检测及数据采集

任务描述 →·→·→·→

对任务一处理好的气体样品，参考《环境空气　苯系物的测定　活性炭吸附/二硫化碳解吸-气相色谱法》（HJ 584—2010）中第 7 部分分析步骤进行测定。

任务目标 →·→·→·→

（1）会填写原始记录表格。

（2）会配制所需的溶液。

（3）会选择气相色谱分析条件。

（4）会绘制校准曲线。

（5）会进行定性分析和定量分析。

（6）会测定回收率。

（7）具备客观、公正的工作态度。

（8）培养实事求是、精益求精的科学精神。

1. 仪器

（1）气相色谱仪（配 FID）。

（2）毛细管柱：固定液为聚乙二醇（PEG-20M），$30m \times 0.32mm \times 1.00\mu m$ 或等效毛细管柱。

（3）进样瓶：$1.5mL$。

2. 试剂

（1）二硫化碳。

（2）苯：色谱纯。

（3）甲苯：色谱纯。

（4）二甲苯：色谱纯。

知识链接 ⇢⇢ ⇢⇢ ⇢⇢

当分析组成简单的大量样品时常采用外标法，即标准曲线法。

外标法的操作方法：配制不少于 5 个含量成比例的标准溶液，定量进样，以待测组分的含量为横坐标，以测得峰面积（或峰高）为纵坐标绘制标准曲线。在相同的测定条件下，注入相同量的待测样品进行色谱分析，测定该样品的峰面积（或峰高），从标准曲线上查出待测组分的含量，或用回归方程计算。

外标法的优点是不使用校正因子，准确性较高，不论样品中其他组分是否出峰，均可对待测组分定量。但要求进样量非常准确，操作条件也要严格控制，需要实际样品组成与标准物质组成接近，因此一般用于简单样品的分析。

任务实施 ⇢⇢ ⇢⇢ ⇢⇢

一、配制标准工作液

取一定量的储备溶液用二硫化碳逐级稀释成苯、甲苯和二甲苯含量为 $0.5\mu g/mL$、$1\mu g/mL$、$5\mu g/mL$、$20\mu g/mL$、$90\mu g/mL$ 的混合标准液。

二、仪器及操作软件的开启

（1）按当前气相色谱仪最佳条件开机，参考条件如下。

载气（高纯氮）：流速为 2.6mL/min，分流比为 30∶1，尾吹气约 30mL/min。

空气：流速为 300mL/min。

氢气：流速为 30mL/min。

柱温：起始柱温为 65℃，保持 10min，以 5℃/min 升温到 90℃ 保持 2min。

检测器温度：250℃。

进样口温度：150℃。

（2）等待柱温、进样口和检测器升温完成，点火。

（3）点火成功后，等待基线已基本稳定，按"调零"按钮，将当前的基线电压调到零点。

三、绘制标准曲线

分别取标准系列溶液 1.0μL 进样，测量保留时间及峰面积，以各组分的质量浓度 ρ 为横坐标，峰面积 A 为纵坐标，绘制标准曲线。以苯为例，如图 11-3 所示。

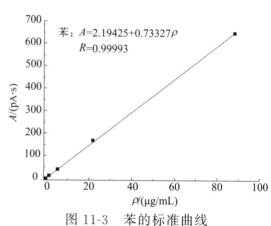

苯：$A = 2.19425 + 0.73327\rho$
$R = 0.99993$

图 11-3　苯的标准曲线

四、试样的分析

用测定标准系列的操作条件分别测定样品解析液、空白解析液、测定加标回收率的溶液。取 1μL 进色谱柱，色谱图如图 11-4 所示，记录色谱峰的保留时间和峰面积。

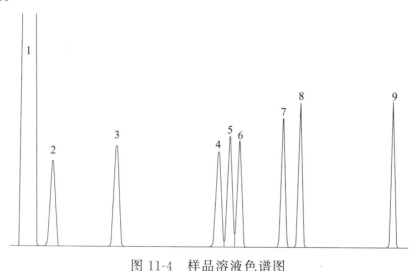

图 11-4　样品溶液色谱图

1—二硫化碳；2—苯；3—甲苯；4—乙苯；5—对二甲苯；6—间二甲苯；7—异丙苯；8—邻二甲苯；9—苯乙烯

五、任务数据与处理

1. 定性分析

根据各保留时间定性。

2. 定量分析

根据测得的峰面积由标准曲线计算苯、甲苯、二甲苯的质量浓度。若样品溶液中待测物浓度超过测定范围，用二硫化碳稀释后测定，计算时乘以稀释倍数。

3. 结果计算与表示

气体中目标化合物浓度按照式(11-1)进行计算：

$$\rho = \frac{(\rho_{x1} - \rho_0) \times V_1 + (\rho_{x2} - \rho_0) \times V_2}{V_{nd}} \tag{11-1}$$

式中　ρ——气体中被测组分质量浓度，mg/m^3；

ρ_{x1}、ρ_{x2}——由标准曲线计算的前、后段样品解吸液的质量浓度，$\mu g/mL$；

ρ_0——由标准曲线计算的空白解吸液的质量浓度，$\mu g/mL$；

V_1、V_2——前、后段解吸液体积，mL；

V_{nd}——标准状态下（101.325kPa，275.15K）的采样体积，L。

4. 加标回收率测定

按式(11-2)计算加标回收率：

$$P = \frac{m_a - m_b}{m} \times 100\% \tag{11-2}$$

式中　P——回收率，%；

m_a——加标样品测定出的质量；

m_b——加标样品中原样的质量；

m——加入标样的质量。

📎 **注意事项**

（1）当测定结果小于$0.1mg/m^3$时，保留小数点后四位；大于$0.1mg/m^3$时，保留小数点后三位。

（2）当活性炭管解析效率通常达不到100%时，建议在式(11-1)中用$V_{nd}D$（D为活性炭管的解吸效率）替换V_{nd}进行修正。

六、关机和结束工作

（1）实验结束后，关闭氢气气源、空气压缩机，关闭加热系统。待柱温降至室温后关闭总电源和载气，关闭工作软件。

（2）清理仪器台面，填写仪器使用记录。

任务实施记录 ···→ ···→ ···→

填写表 11-5。

表 11-5　大气中苯、甲苯和二甲苯的检测记录

记录编号				
样品名称		样品编号		
检验项目		检验日期		
检验依据		判定依据		
温度		相对湿度		
检验设备（标准物质）、编号				

仪器条件：

载气：_____mL/min　　　　　分流比：_____

尾吹气：_____mL/min　　　　氢气：_____mL/min

空气：_____mL/min

柱温：_____

进样口温度：_____℃　　　　　　检测器温度_____℃

一、采样及样品处理

采样人姓名		采样地点	
采样体积		采样时间	
解吸液名称		大气压力	
解吸液体积		稀释倍数	

二、样品分析

1. 绘制标准曲线法

标准物质名称	质量/mg	体积/L	储备液浓度/(mg/L)
苯			
甲苯			
二甲苯			

工作液名称	移取体积/mL	浓度/(μg/mL)	保留时间	峰面积	相关系数
苯					

工作液名称	移取体积/mL	浓度/(μg/mL)	保留时间	峰面积	相关系数
甲苯					
二甲苯 (按各组分总和计)					

2. 样品测定

组分名称	保留值/min	峰面积	浓度/(μg/mL)	空白值/(μg/mL)	Rsd
苯					
甲苯					
邻二甲苯					
间二甲苯					
对二甲苯					

3. 大气中苯、甲苯和二甲苯的浓度计算

组分名称	解吸液体积/mL	采样体积/L	测量浓度/(μg/mL)	空白值/(μg/mL)	大气浓度/(mg/m³)
苯					
甲苯					
二甲苯					

三、加标回收测定

A 段

组分名称	苯	甲苯	二甲苯
原解吸液质量浓度/(μg/mL)			
原样品解吸液/mL			
加标样品中原样质量/μg			
实际加标质量/μg			
峰面积			
加标后质量浓度/(μg/mL)			
加标后溶液/mL			
加标样品测定出的质量/μg			
P/%			

B段			
组分名称	苯	甲苯	二甲苯
原解吸液质量浓度/(μg/mL)			
原样品解吸液/mL			
加标样品中原样质量/μg			
实际加标质量/μg			
峰面积			
加标后质量浓度/(μg/mL)			
加标后溶液/mL			
加标样品测定出的质量/μg			
P/%			
检验人		复核人	

任务评价 ╍╍ ╍> ╍>

填写任务评价表，见表11-6。

表11-6 任务评价表

序号	评价指标	评价要素	自评
1	标液配制	计算思路 计算结果	
2	样品配制	量器选择	
3	开机、关机	检查漏气 气体压力设定	
4	数据测量	溶液配制 样品处理 进样操作 定性方法 外标法定量 质控样测定 测量顺序	
5	结束工作	关闭氩气 关闭冷却水 电源关闭 填写仪器实验记录卡	
6	样品计算	从回归方程计算浓度 样品质量分数 计算过程 有效数字	

思考题

（一）判断题

1. 气相色谱分析时进样时间应控制在1s以内。 （　　）
2. 载气流速对不同类型气相色谱检测器响应值的影响不同。 （　　）
3. 气相色谱检测器灵敏度高并不等于敏感度好。 （　　）
4. 气相色谱法测定中随着进样量的增加，理论塔板数上升。 （　　）
5. 气相色谱分析时，载气在最佳流速下，柱效高，分离速度较慢。 （　　）
6. 测定气相色谱法的校正因子时，其测定结果的准确度受进样量的影响。

（　　）

（二）选择题

1. 在气相色谱定量分析中，只有试样的所有组分都能出彼此分离较好的峰才能使用的方法是（　　）。

　A. 归一化法　　　　　　　　　　B. 内标法

　C. 外标法的单点校正法　　　　　D. 外标法的标准曲线法

2. 在气相色谱分析中，一般以分离度（　　）作为相邻两峰已完全分开的标志。

　A. 1　　　　　　B. 0　　　　　　C. 1.2　　　　　　D. 1.5

3. 相对校正因子是物质（i）与参比物质（s）的（　　）之比。

　A. 保留值　　　B. 绝对校正因子　　C. 峰面积　　　　D. 峰宽

4. 有机物在氢火焰中燃烧生成的离子，在电场作用下，能产生电信号的器件是（　　）。

　A. 热导检测器　　　　　　　　　B. 火焰离子化检测器

　C. 火焰光度检测器　　　　　　　D. 电子捕获检测

5. 色谱柱的分离效能主要由（　　）所决定。

　A. 载体　　　　B. 担体　　　　C. 固定液　　　　D. 固定相

6. 色谱峰在色谱图中的位置用（　　）来说明。

　A. 保留值　　　B. 峰高值　　　C. 峰宽值　　　　D. 灵敏度

7. 在气相色谱定量分析中，在已知量的试样中加入已知量的能与试样组分完全分离且能在待测物附近出峰的某纯物质来进行定量分析的方法，属于（　　）。

　A. 归一化法　　　　　　　　　　B. 内标法

　C. 外标法-比较法　　　　　　　D. 外标法-标准工作曲线法

（三）简答题

何种情况下采用内标法定量？比较内标法和外标法的异同点。

参 考 文 献

[1] 武汉大学.分析化学:下册 [M].6 版.北京:高等教育出版社,2018.

[2] 黄一石.仪器分析 [M].2 版.北京:化学工业出版社,2009.

[3] 国家药典委员会.中华人民共和国药典:2020 年版 一部 [M].北京:中国医药科技出版社,2020.